冬芽ハンドブック

解説 広沢 毅
写真 林 将之

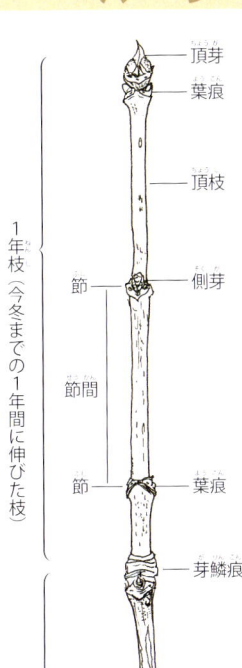

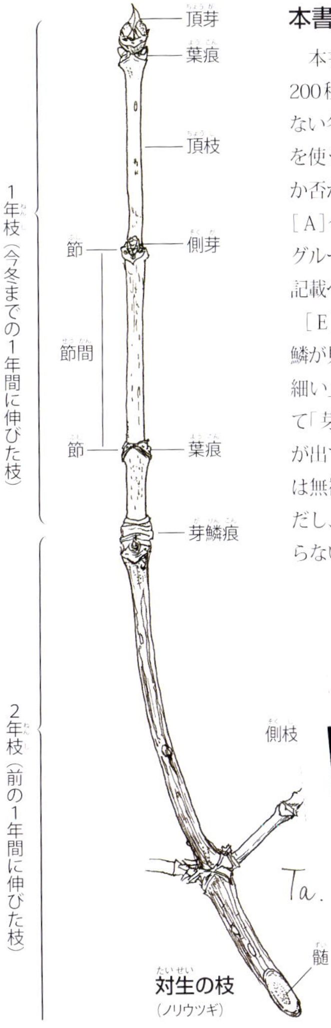

- 頂芽
- 葉痕
- 頂枝
- 側芽
- 節
- 節間
- 葉痕
- 芽鱗痕

1年枝（今冬までの1年間に伸びた枝）
2年枝（前の1年間に伸びた枝）

対生の枝
（ノリウツギ）
側枝
髄

本書の使い方

　本書は、新エングラーの分類体系順に、200種の冬芽を掲載している。名前のわからない冬芽を調べる場合は、次ページの検索表を使う。検索表ではまず、トゲの有無、つるか否か、枝の太さ、冬芽のつき方によって、［A］〜［E］の5グループに分ける。次に、各グループの中から絵合わせで似た冬芽を探し、記載ページへ飛んで解説を確認すればよい。

　［E］グループは種類が多いので、さらに「芽鱗が見える／見えない」「枝先は太い／中細／細い」でグループ分けして候補を絞る。続いて「芽鱗の枚数」や「維管束痕の数」の検索項目が出てくるが、慣れないうちはこれらの項目は無視し、絵合わせのみで探してもよい。ただし、枝の太さには変異があるので、見つからない場合は別のグループも探してみよう。

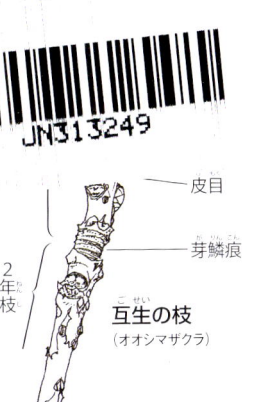

- 頂芽（葉芽）
- 皮目
- 芽鱗痕

2年枝

互生の枝
（オオシマザクラ）

冬芽と枝の検索表

※対生：対につく　互生：交互につく

落葉樹
- 枝に**トゲ**がある ……… **A**
- 枝にトゲはない
  - **つる性**の木 ……… **B**
  - 自立する木
    - 枝先は**極太** ……… **C**
    - 枝先は極太ではない
      - 冬芽は**対生** ……… **D**
      - 冬芽は**互生** ……… **E** p.4へ

極太

A トゲ

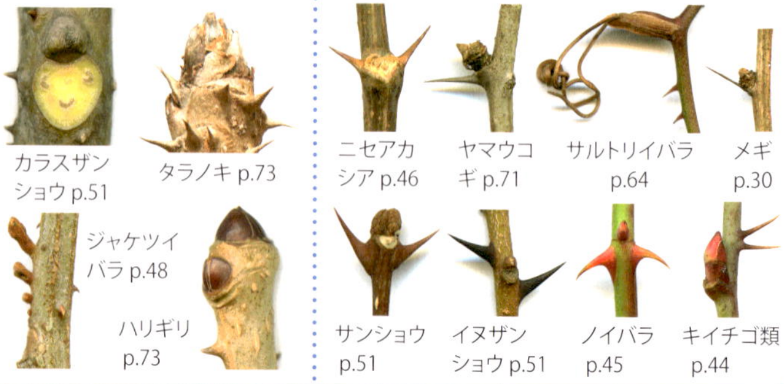

枝先は極太～太い

カラスザンショウ p.51

タラノキ p.73

枝先は中細～細い

ニセアカシア p.46　ヤマウコギ p.71　サルトリイバラ p.64　メギ p.30

ジャケツイバラ p.48

ハリギリ p.73

サンショウ p.51　イヌザンショウ p.51　ノイバラ p.45　キイチゴ類 p.44

B つる

枝先は太い

ヤマブドウ p.64

サルナシ p.29　マタタビ p.29

枝先は中細～細い

フジ類 p.49　オオバウマノスズクサ p.28　ツタウルシ p.55　アケビ p.28　アオツヅラフジ p.28　ツルウメモドキ p.63　エビヅル p.64

クズ p.48

ツルアジサイ p.36　イワガラミ p.36

C 極太

アオギリ p.66　センダン p.53　キリ p.81

コシアブラ p.72　カシワ p.19　トチノキ p.60　イチジク p.23　オニグルミ p.10　シンジュ p.53　ホオノキ p.24

D 対生　芽鱗が見えない

| バイカウツギ p.33 | キハダ p.52 | クサギ p.81 | クマノミスキ p.69 | ムラサキシキブ類 p.80 | オオカメノキ p.83 | アジサイ p.34 | ヤマアジサイ p.34 |

芽鱗が見える　芽鱗が多い ← → 芽鱗が少ない

枝先は太い

| ノリウツギ p.35 | ニワトコ p.83 | タマアジサイ p.34 | ヤマトアオダモ p.78 | ヤチダモ p.78 | キリ p.81 | ゴンズイ p.63 |

枝先は中細

| カジカエデ p.59 | イタヤカエデ p.58 | ハコネウツギ p.84 | マユミ p.62 | ミツバウツギ p.63 | ヤブデマリ p.83 | ウリハダカエデ p.57 |

| メグスリノキ p.59 | チドリノキ p.59 | シナレンギョウ p.79 | ガマズミ p.82 | ミヤマガマズミ p.82 | ハウチワカエデ p.57 | マルバアオダモ p.78 |

枝先は細い

| メタセコイア p.85 | トウカエデ p.58 | ニシキギ p.62 | ヤマボウシ p.70 | ハナミズキ p.70 | カツラ p.27 | イロハモミジ類 p.56 |

| マルバウツギ p.33 | ウツギ p.33 | ツリバナ p.62 | コバノガマズミ p.82 | オトコヨウゾメ p.82 | サルスベリ p.68 | ウリカエデ p.57 |

| ツクバネウツギ p.84 | ヒメウツギ p.33 | イボタノキ p.79 | コアジサイ p.35 | コムラサキ p.80 | ガクウツギ p.35 | ウグイスカグラ p.84 | イヌコリヤナギ p.11 |

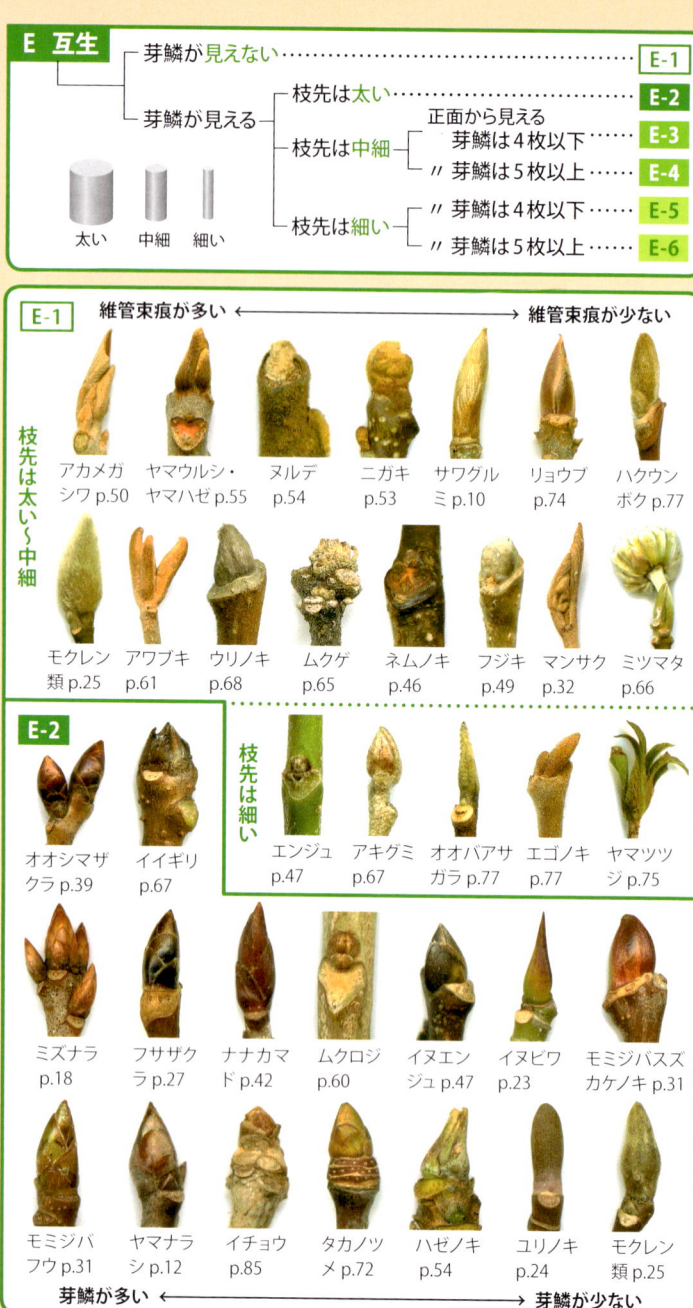

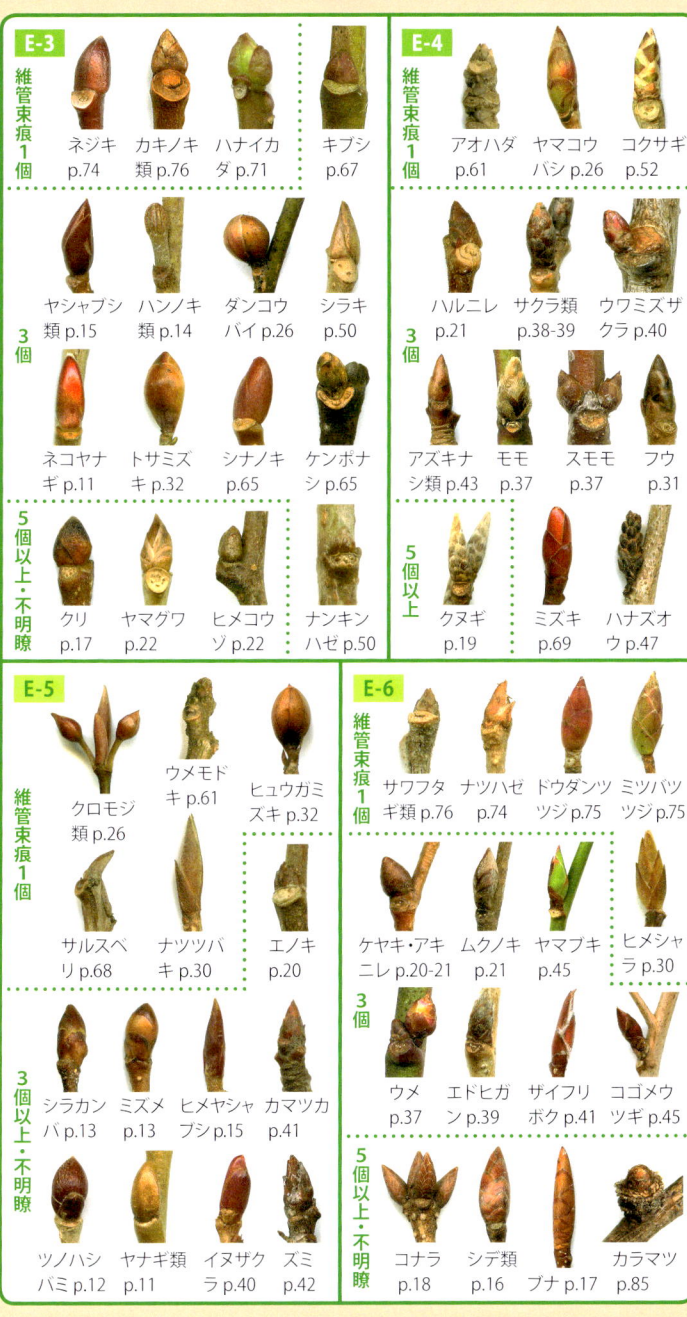

凡例

▶木の高さ
成木の樹高で分けた。

- **高木** 8m以上。(主幹あり)
- **小高木** 3〜8m。(主幹あり)
- **低木** 3m以下。(株立ち)
- **つる** つる性樹木。

▶和名・分類・学名
和名は図鑑等で広く使われているものをなるべく採用した。科名・属名の配列は新エングラー体系に、学名は米倉浩司・梶田忠 (2003-)「BG Plants 和名-学名インデックス」(YList) に従った。原則として亜種や変種は種にまとめて扱った。

モミジバフウ マンサク科フウ属
Liquidambar styraciflua 別名アメリカフウ

高木 **互生** **太** **鱗芽(6-10)** **3個**

▶冬芽のつき方
冬芽や葉痕の枝へのつき方を示した。

- **互生** 1個ずつ交互につく。
- **対生** 2個ずつ対につく。

冬芽 頂芽は水滴形、**赤く、ツヤがあり無毛**。葉痕 半円形〜腎形。枝 2年目以上の枝にコルク質の**翼がつく**。幹 コルク層が発達し、縦に裂ける。分 北米原産。公園樹。類 同属のフウは枝に翼は出ない。

▶維管束痕の数
葉痕内の維管束痕の数、または箇所数を示した。9個以上は多数とした。

- **1個** **3個**
- **5-7個** **多数**
- **不明瞭**

▶枝先の太さ
枝先の太さを以下の4つに分けた。

- **細** 細い。径1.5mm前後。
- **中** 中細。径3mm前後。
- **太** 太い。径6mm前後。
- **極** 極太。径12mm前後以上。

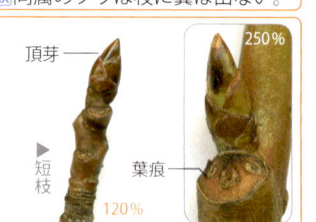

頂芽
▶短枝
葉痕
120%
250%

▶冬芽の形態
鱗芽、裸芽、隠芽に分けた。カッコ内は葉芽の全芽鱗の枚数を示した。

- **鱗芽(多数)**
- **鱗芽(5-9)**
- **鱗芽(1-4)**
- **裸芽**
- **隠芽**

▶スキャン写真
冬芽をつけた枝の日なた側と、葉痕・冬芽の拡大図を、精細なスキャン画像で掲載した。倍率を%表記し、各部位の名称や特徴を記した。短枝や特殊な枝の場合はそれを付記した。

▶解説文
形態や特徴を項目ごとに解説し、見分けのポイントは**太字**で記した。冬芽：冬芽の形、色、毛、芽鱗枚数など。葉痕：葉痕の形、維管束痕の並び方など。枝：枝の太さ、毛、皮目など。幹：幹の樹皮の特徴。分：自生分布(北海道・本州・四国・九州・沖縄で区分)と生育環境、植栽利用。類：類似種の情報。メモ：その他。

▶冬芽の形

半球形　球形　卵形　水滴形　円錐形　円筒形　おむすび形

▶葉痕の形

円形　半円形　三角形　ハート形　腎形　倒松形　三日月形　V字形　O字形　U字形

冬芽観察のための用語解説

維管束痕【いかんそくこん】葉痕の中に見える維管束（茎や葉柄で水分や養分の通路になっている管の集まり）の断面。

隠芽【いんが】葉痕やその付近の枝の中にあって、外からは見えない冬芽。

花芽【かが・はなめ】展開した際に花または花序になる冬芽。混芽も花芽と呼ばれることがある。

花序【かじょ】1本の軸に花が複数つく場合、全体の集まりを花序という。果実になった場合は果序（かじょ）と呼ぶ。

仮頂芽【かちょうが】枝痕が残った場合に、頂芽の役割を果たす最上位の側芽。

芽鱗【がりん】冬芽を保護するうろこ状のもの。葉身（ようしん：葉の本体）、托葉、葉柄などが変化してできた。

芽鱗痕【がりんこん】芽鱗が落ちたあと。枝の基部に残り、枝の年度の境目になる。

互生【ごせい】枝の右・左に互い違いに冬芽がつくこと。

混芽【こんが】展開すると花と葉になる冬芽。

枝痕【しこん】枝の先端に残る枯れた枝の痕跡。枝痕がある場合、頂芽はできない。

十字対生【じゅうじたいせい】対生の1形態で、側芽（葉痕）の向きが1対ごとに90°ずつずれてつくこと。

星状毛【せいじょうもう】枝分かれして星のように見える毛。通常、10倍程度のルーペがないと見えない。

腺毛【せんもう】水分や粘液などを分泌する毛。通常、先端が球状にふくらむ。

側芽【そくが】頂芽を除いた、枝の途中にある冬芽。

対生【たいせい】枝の両側に対に冬芽がつくこと。葉痕、枝も対生する。

托葉【たくよう】展開前の葉を保護する、小さな葉のようなもの。

托葉痕【たくようこん】托葉が枯れ落ちたあと。通常、葉痕の両側にある。

短枝【たんし】1年の伸長量がごく短く、節が詰まった枝。

頂芽【ちょうが】枝の先端にあり、展開した後、枝または花を出す冬芽。

長枝【ちょうし】節の間が長く伸びた、通常の枝。

頂生側芽【ちょうせいそくが】頂芽の周辺に集まってつく側芽。

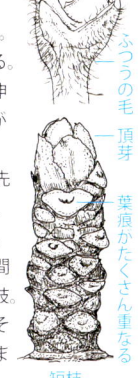

皮目【ひもく】樹皮の表面に呼吸のためにつくられた、小さな点状や線状の組織。

冬芽【ふゆめ・とうが】冬季に休眠状態にある芽。(p.8参照)

葉芽【ようが】展開すると葉になる冬芽。

葉痕【ようこん】葉が枯れ落ちたあと。

葉枕【ようちん】葉柄の基部付近が関節のようにふくらんだ部分。

葉柄【ようへい】葉身（葉の本体）と枝とをつなぐ細い器官。葉柄が枯れて落ちたあとが葉痕になる。

翼【よく】枝などにつく板状の突起物。

予備芽【よびが】葉痕の上に冬芽が複数個ついた場合、春先に展開する一番大きな冬芽を主芽（しゅが）といい、残りの冬芽を予備芽と呼ぶ。主芽にアクシデントがあった場合、予備芽が展開する。

裸芽【らが】芽鱗をもたない冬芽。毛に覆われることが多い。

落枝痕【らくしこん】細い枝が育たずに、基部から枯れ落ちたあと。

稜【りょう】枝などにある、縦に盛り上がった筋、または溝。

鱗芽【りんが】芽鱗をもつ冬芽。

冬芽を観察しよう

　植物好きにとって、冬は「お休み」の時期と思われがちだ。落葉樹の寒々とした姿は無愛想で何も語りかけてくれないように見える。

　しかし、冬ならではの植物の楽しみ方がある。冬芽観察だ。冬芽を見て何の木かわかったときは本当にうれしい。今まで花や葉っぱを見てつき合っていた樹木たちが、もっと身近に感じられ、友達になったような気がしてくるのは私だけだろうか。私はこれで病みつきになった。冬芽によって新しい世界が開けてきたといっても過言ではない。みなさんも新しい友達を見つけに出かけてみませんか。

雪の中、スノーシューをはいて冬芽観察をする著者ら

冬芽とは

　落葉樹は晩秋に葉を落とし、休眠状態で冬を過ごす。春にふたたび芽吹き、活動を開始するために準備されたものが冬芽である。枝先にある小さい卵のような冬芽、この中には葉やつぼみがていねいに折りたたまれて入っている。春、冬芽から葉や花が展開するさまは、まさに生命が躍動する感がある。冬芽は厳しい冬を乗り切る「命のカプセル」なのだ。

　冬の寒さや乾燥に耐え、病虫害などから身を守るため、冬芽はさまざまな工夫をこらしてきた。コブシは毛皮をまとい、コナラは芽鱗を重ね着する。裸でも凍らないアジサイは不凍液をためこみ、トチノキは虫を寄せつけないねばねばの樹脂でコーティングするなど、樹種ごとに違う対策だ。これらは進化の過程でそれぞれ身につけた「知恵」であり、「個性」だ。樹種を特定できる鍵は、こうした冬芽の個性にある。

どんなふうに観察する?

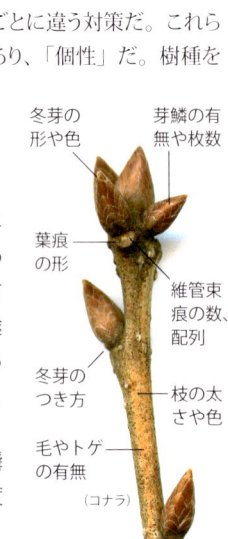

　観察にはルーペ（8〜10倍）があればOKだ。まずは枝を手にとって、なるべく先端の大きな冬芽を見てみる。見分けのポイントに、形、色、つき方（互生／対生）、芽鱗の有無や枚数、毛の有無などがある。冬芽に続いて葉痕を見る。枝の途中のものが見やすく、顔のように見えることがある維管束痕の個数や並び方も重要だ。枝にも、太さ、色、毛やトゲの有無などのポイントがある。

　難しそう、なんて思う必要はない。慣れれば瞬間的にわかることばかりだ。とはいえ、ある程度

（コナラ）

冬芽の形や色　　芽鱗の有無や枚数　　葉痕の形　　維管束痕の数、配列　　冬芽のつき方　　枝の太さや色　　毛やトゲの有無

経験を積まないと、どれが大事な特徴なのかわかりにくい。初心のうちは時間をかけてゆっくり観察してほしい。

なお、冬芽は冬にしか観察できないと思われがちだが、夏までにはおおよそ形成されるので、春の芽吹き時を除いてほぼ年中観察できることもつけ加えておこう。

木の名前はどうすればわかる?

詳しく観察しても、それだけで木の名前がわかるわけではない。名前を調べるには、本書冒頭の「本書の使い方」と「冬芽と枝の検索表」を参照されたい。最初はトゲがある木や極太の枝など、ぱっと見てわかりやすい樹木から覚えていくのがよいと思う。

冬芽に慣れ親しんでくると、科や属ごとに共通の特徴をもっていることに気づく。こういった特徴がわかってくると、冬芽観察はいっそう楽しくなる。下の表に主なグループごとの特徴を示したので、例外はあるが参考にしてほしい。

一つの種類がわかれば、それとよく似た木との違いが見えてくる。コナラがわかればクヌギもすぐに覚えられる、といった具合だ。こうして知っている仲間を増やしていくことができる。

いざ、マイフィールドへ

冬芽観察を始めたら、マイフィールドをもとう。近所の公園や公共施設の植え込みなどからスタートするのがよい。疑問があったらいつでも確かめに行ける利点がある。順に里山や低山のハイキングにも足を伸ばし、マイフィールドを広げていこう。観察した特徴はメモしたり写真に残しておけば、後できっと役に立つ。知らなかった樹木が友達のように感じられたら、フィールドワークはいっそう豊かになるだろう。

表：主なグループごとの冬芽の特徴（＊印は変化が大きく、この表では表現できない）

科・属	つき方	芽鱗	維管束痕	その他の特徴
ヤナギ科ヤナギ属	互生	少ない	3個	葉痕は細い
カバノキ科ハンノキ属	互生	少ない	3個	果実は小型松ぼっくり状
カバノキ科クマシデ属	互生	多い	多数	幹に縦の筋
ブナ科コナラ属	互生	多い	多数	枝先に冬芽が集まる
バラ科サクラ属	互生	多い	3個	葉痕は半円形
カエデ科	対生	＊	3個	葉痕は細い
モチノキ科	互生	多い	1個	果実は赤い
ニシキギ科ニシキギ属	対生	多い	1個	枝は緑色
グミ科	互生	ない	1個	鱗状毛がある
ツツジ科ツツジ属	互生	多い	1個	頂芽だけが大きい
モクセイ科トネリコ属	対生	少ない	＊	芽鱗につやがない
スイカズラ科ガマズミ属	対生	少ない	3個	果実は赤い

オニグルミ

クルミ科クルミ属

Juglans mandshurica var. *sieboldiana*

高木　互生　極　裸芽　3ヵ所

冬芽 頂芽は大きく裸芽で円錐形、褐色の短毛が密生する。雄花序は裸芽で円筒形。葉痕 大きく、T字形。**羊の顔に似る**。維管束痕は3ヵ所に集まる。枝 **極太で毛が生える**。髄に隔壁がある。幹 縦に裂ける。分 北〜九。丘陵〜山地の川沿いなど湿った場所。

サワグルミ

クルミ科サワグルミ属

Pterocarya rhoifolia

高木　互生　太　鱗芽→裸芽　3ヵ所

冬芽 頂芽は先の尖った円筒形。芽鱗はすぐ落ちて裸芽になり、**光沢のある軟毛が密生する**。葉痕 ハート形〜三角形。**人が眠った顔に見える**。枝 髄に隔壁がある。幹 縦に裂ける。分 北〜九。山地の川沿い。類 同属のシナサワグルミ（中国原産）は冬芽が茶色で、柄がある。

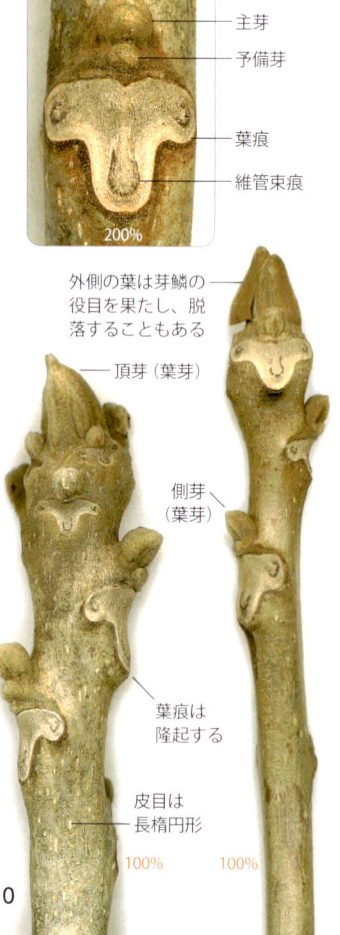
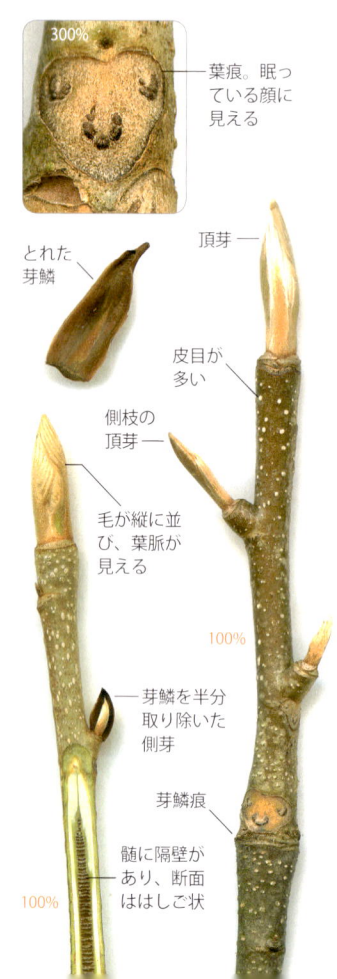

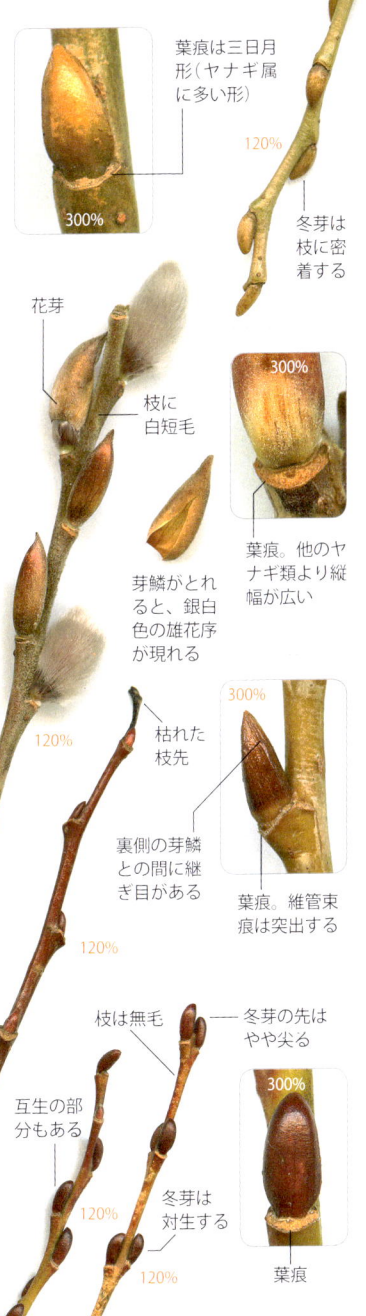

葉痕は三日月形(ヤナギ属に多い形)
120%
300%
冬芽は枝に密着する
花芽
枝に白短毛
300%
芽鱗がとれると、銀白色の雄花序が現れる
葉痕。他のヤナギ類より縦幅が広い
120%
枯れた枝先
裏側の芽鱗との間に継ぎ目がある
300%
葉痕。維管束痕は突出する
120%
枝は無毛
冬芽の先はやや尖る
互生の部分もある
300%
冬芽は対生する
120%
120%
葉痕

シダレヤナギ
ヤナギ科ヤナギ属
Salix babylonica 別名イトヤナギ

高木　互生　細　鱗芽(1)　3個

冬芽 卵形で無毛。芽鱗は1枚。葉痕 三日月形。側芽は枝に伏生する。枝 無毛。**しだれるので見分けやすい。** 幹 縦に裂ける。分 中国原産。水辺に植栽。類 同属のウンリュウヤナギは枝が曲がって垂れる。

ネコヤナギ
ヤナギ科ヤナギ属
S. gracilistyla

低木　互生　中　鱗芽(1)　3個

冬芽 水滴形で、花芽は太く下部がふくらみ、葉芽は細い。芽鱗に**白っぽい軟毛が密生**する。芽鱗は1枚で帽子状。葉痕 V字形でやや幅広。枝 **短毛が密生**する。分 北〜九。丘陵〜山地の水辺。庭木。

アカメヤナギ
ヤナギ科ヤナギ属
S. chaenomeloides 別名マルバヤナギ

高木　互生　細　鱗芽(3)　3個

冬芽 水滴形で無毛。正面から見える芽鱗は1枚だが、**横に継ぎ目がある。** 葉痕 V字形。維管束痕3個は突出する。枝 滑らか、無毛、赤みを帯びる。幹 灰色、縦に裂ける。分 本〜九。丘陵の水辺。

イヌコリヤナギ
ヤナギ科ヤナギ属
S. integra

低木　対生　細　鱗芽(1)　3個

冬芽 卵形で**対生**(時に互生)し、無毛。葉痕 三日月形。側芽は枝に密着(伏生)する。枝 黄色っぽい褐色。分 北〜九。丘陵〜山地の水辺。メモ 身近に自生するヤナギで対生するのは本種のみ。

ヤマナラシ <small>ヤナギ科ヤマナラシ属</small>
Populus tremula var. sieboldii

`高木` `互生` `太` `鱗芽(10-13)` `3個`

[冬芽]水滴形で光沢がある。**芽鱗は10枚前後と多い**。[葉痕]浅い三角形〜V字形。**維管束痕は明瞭**。[枝]滑らかで無毛（白短毛が残ることもある）。**短枝が発達する**。[幹]若い幹は菱形の皮目が多い。[分]北〜四。山地の明るい場所。[メモ]ヤナギ属と違って芽鱗の数が多い。

ツノハシバミ <small>カバノキ科 ハシバミ属</small>
Corylus sieboldiana

`低木` `互生` `細` `鱗芽(4-5)` `3-9個`

[冬芽]赤みを帯びた**卵形〜水滴形**で、ツヤがあって美しい。正面から**見える芽鱗は約4枚**。**雄花序は裸芽、枝の途中につく**。[葉痕]半円形、小さい。維管束痕は3〜9個ある。[枝]**毛が生える**。[分]北〜九。山地の林縁。[類]同属のハシバミは芽鱗が多く、雄花序は枝の先につく。

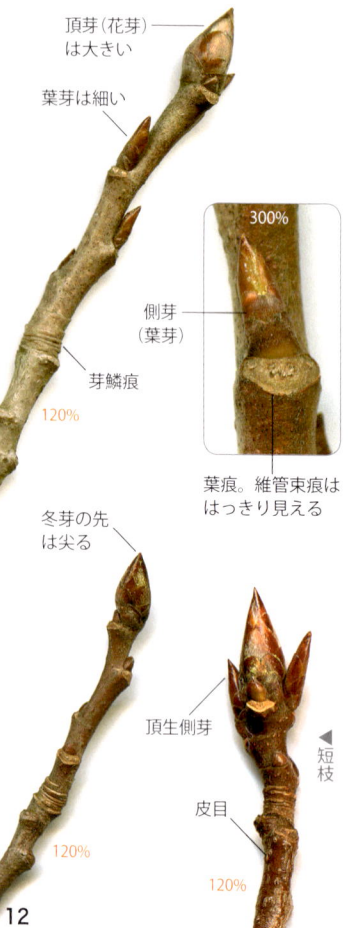

シラカンバ カバノキ科カバノキ属
Betula platyphylla var. japonica 別名シラカバ

[高木] [互生] [細] [鱗芽(4-6)] [3個]

[冬芽] 葉芽と雌花序は鱗芽で、長い卵形。**雄花序は裸芽**。[葉痕] 半円形〜三角形。[枝] **短枝**が出る。**果実は下を向く**。[幹] **樹皮は白く、紙状にはがれる**。[分] 北〜本（中部以北）。山地〜亜高山。庭木。[類] 同属のダケカンバは冬芽の先が尖り、樹皮は赤みを帯び、果実は上を向く。

仮頂芽。大きい場合は混芽

芽鱗は無毛。所々に樹脂を分泌する

葉痕。維管束痕は明瞭

１年枝には白い樹脂を分泌する腺点がある

120%

▶短枝

120%

100%

▶果実

堅果が多数集まっており、熟すとばらける

ミズメ カバノキ科カバノキ属
B. grossa 別名アズサ、ヨグソミネバリ

[高木] [互生] [細] [鱗芽(4)] [3個]

[冬芽] ４枚の芽鱗に包まれ、水滴形。**雄花序は裸芽**。[葉痕] 半円形〜三角形。[枝] **短枝**が出る。枝の切り口はサロメチール（サリチル酸メチル）の匂いがする。果実は松ぼっくり形で、**上を向く**。[幹] 樹皮は**横に筋が入りサクラに似る**。[分] 本〜九。山地の林地。

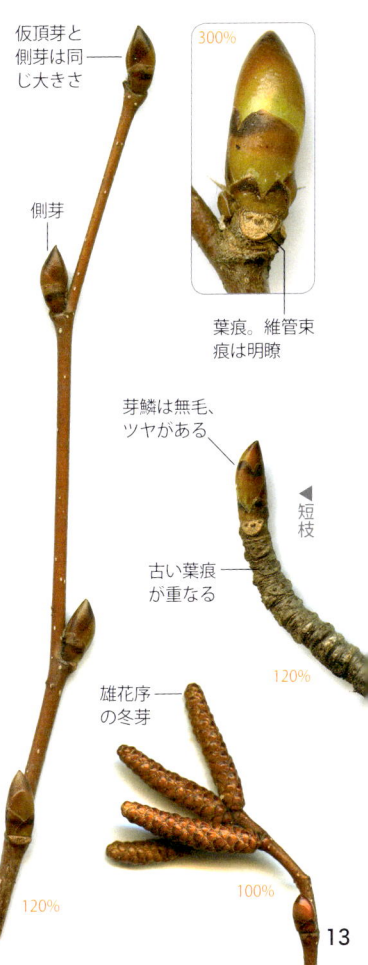

仮頂芽と側芽は同じ大きさ

側芽

葉痕。維管束痕は明瞭

芽鱗は無毛、ツヤがある

◀短枝

古い葉痕が重なる

120%

雄花序の冬芽

120%

100%

ハンノキ

カバノキ科 ハンノキ属
Alnus japonica

高木 互生 中 鱗芽(3) 3個

[冬芽]葉芽は鱗芽、長い卵形で柄があり、**側芽は枝に密着する**。雄花序、雌花序は別々の枝先につく。
[葉痕]半円形で両側に**托葉痕**がある。
[枝]先端に**果実が残る**。[幹]**浅く縦に裂ける**。[分]北〜九。丘陵の水湿地。
[メモ]ハンノキ属の果実（果穂）は小型の松ぼっくりのような形。

ヤマハンノキ

カバノキ科 ハンノキ属
A. hirsuta

高木 互生 中 鱗芽(2-3) 3個

[冬芽]葉芽は鱗芽、長い卵形で柄があり、**側芽は枝に対しやや開出**する。雄花序、雌花序は別々の枝先につく。
[葉痕]半円形〜三角形で横に**托葉痕**がある。[枝]先端に**果実が残る**。[幹]**滑らか**。[分]北〜九。丘陵〜山地の林内や河畔。[メモ]冬芽や枝に毛が多いものをケヤマハンノキと呼ぶ。

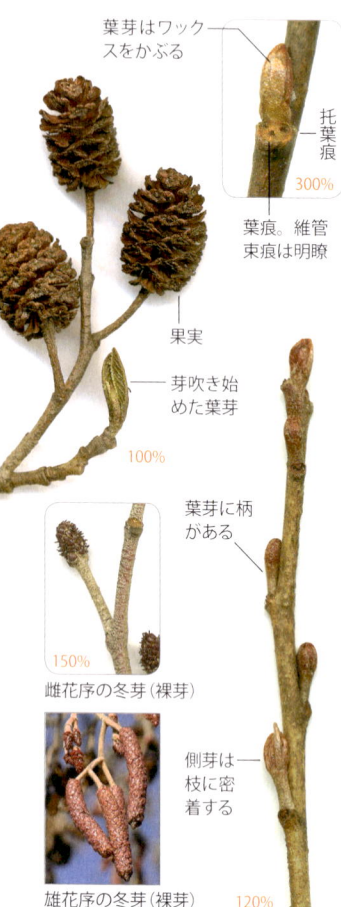

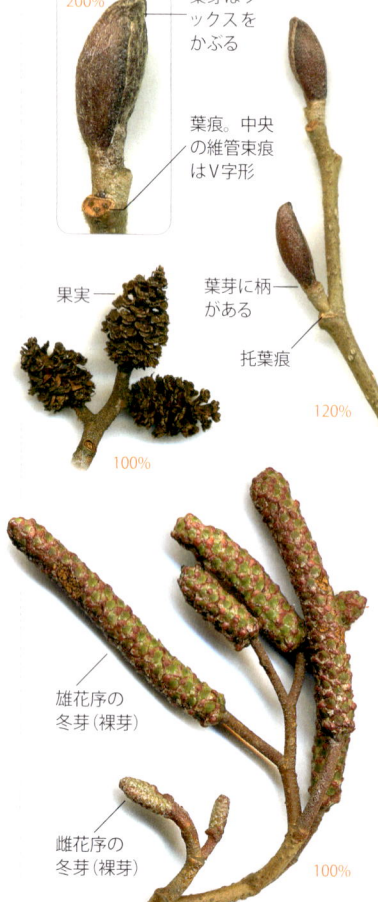

オオバヤシャブシ <small>カバノキ科 ハンノキ属</small>
A. sieboldiana

高木 互生 中 鱗芽(3-4) 3個

[冬芽]葉芽と**雌花序は芽鱗、先は尖る。雄花序は裸芽**。上から**葉芽、雌花序、雄花序**の順でつく。冬芽に柄はない。[葉痕]三角形で托葉痕はない。[枝]無毛。昨年の**果実が残る**。[幹]老木ほど不規則に裂ける。[分]本（主に関東〜紀伊半島）。丘陵〜山地。砂防用に九州や四国まで広く植栽。

ヤシャブシ <small>カバノキ科 ハンノキ属</small>
A. firma

高木 互生 中 鱗芽(3-4) 3個

[冬芽]葉芽と**雌花序は芽鱗、先は尖る。雄花序は裸芽**。一番上に雌花序、その下に雌花序か葉芽がつく。冬芽に柄はない。[葉痕]三角形で托葉痕はない。[枝]無毛。**果実が残る**。[幹]老木ほど不規則に裂ける。[分]本（主に関東〜紀伊半島）〜九。丘陵〜山地の尾根や崩落地。砂防用に植栽。

ヒメヤシャブシ <small>カバノキ科 ハンノキ属</small>
A. pendula

低木 互生 細 鱗芽(3-4) 3個

[冬芽]葉芽と**雌花序は芽鱗、先は尖る。雄花序は裸芽**。一番上に雌花序、その下に雌花序か葉芽がつく。冬芽に柄はない。[葉痕]三角形で托葉痕は小さい。[枝]無毛。**果実が残る**。[幹]黒く滑らか。丸と横長の皮目が目立つ。[分]北〜四。多雪地の尾根や崩落地。砂防用に植栽もされる。

イヌシデ
Carpinus tschonoskii

カバノキ科
クマシデ属

`高木` `互生` `細` `鱗芽(多数)` `3-7個`

`冬芽`多数の芽鱗に包まれた水滴形。側芽は枝に**伏生**（密着）する。「犬は伏せ」と覚える。`葉痕`半円形。`枝`ふつう灰色の**毛が生える**。枝先はジグザグになる。`幹`平滑で**縦筋**が目立つ。`分`本〜九。丘陵〜山地。

アカシデ
C. laxiflora

カバノキ科
クマシデ属

`高木` `互生` `細` `鱗芽(多数)` `不明瞭`

`冬芽`多数の芽鱗に包まれた水滴形。側芽は枝から**開出**する。`葉痕`半円形、小さい。`枝`細く、**無毛**。枝先はジグザグになる。`幹`樹皮は縦筋が入り、**断面は外周がうねる**ことが多い。`分`北〜九。丘陵〜山地。

クマシデ
C. japonica

カバノキ科
クマシデ属

`高木` `互生` `細` `鱗芽(多数)` `不明瞭`

`冬芽`多数の芽鱗に包まれ、長い水滴形で、**緑色を帯びる**。`葉痕`円形〜楕円形。維管束痕は**不明瞭**ながら多数あり、ばらばらに散らばる。`枝`**無毛**。`幹`ミミズばれ状の縦筋がある。`分`本〜九。丘陵〜山地。

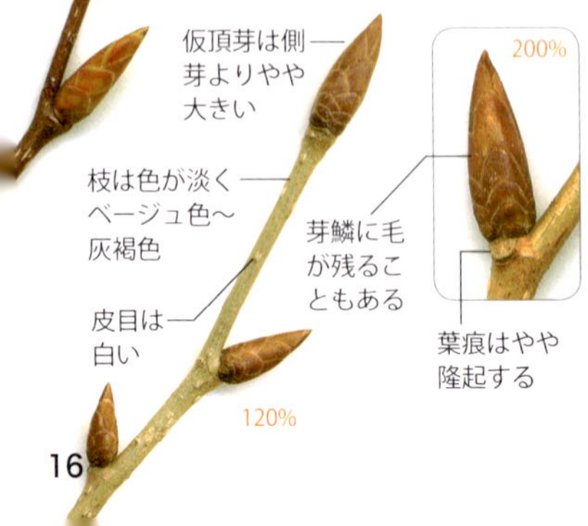

サワシバ
C. cordata

カバノキ科
クマシデ属

`高木` `互生` `細` `鱗芽(多数)` `不明瞭`

`冬芽`クマシデに似るが、芽鱗の**枚数はクマシデより多い**。長い水滴形で**先は鋭く尖る**。雄花の冬芽は太い。`葉痕`**半円形で小さい**。`枝`短枝が出る。`幹`**縦長の菱形**に浅く裂ける。`分`北〜九。山地の沢沿い。

ブナ

フナ科 フナ属

Fagus crenata

[高木] [互生] [細] 鱗芽(多数) [不明瞭]

[冬芽] 1～3cmと**細長い水滴形**。芽鱗は**多数**重なる。[葉痕] 半円形、**ごく小さい**。[枝] **無毛**。ツヤがある。はっきりした芽鱗痕がある。[幹] 樹皮は灰色で滑らか。**ひこばえ**（根元から生える枝）**は出ない**。[分] 北～九。山地。[類] 同属のイヌブナは樹皮が黒っぽく、ひこばえが出る。

クリ

フナ科 クリ属

Castanea crenata

[高木] [互生] [中] 鱗芽(3-4) [不明瞭]

[冬芽] **おむすび形**でクリの実に似る。正面から**見える芽鱗は2枚**。[葉痕] 半円形。[枝] 野生品の枝先は細いが、栽培品の枝は太い。冬芽がつく部分に球状の**虫こぶ**がつくことも多い。[幹] 成木は縦に裂ける。[分] 北～九。丘陵～山地の林内。栽培。[メモ] 樹下に**栗のイガ**が落ちている。

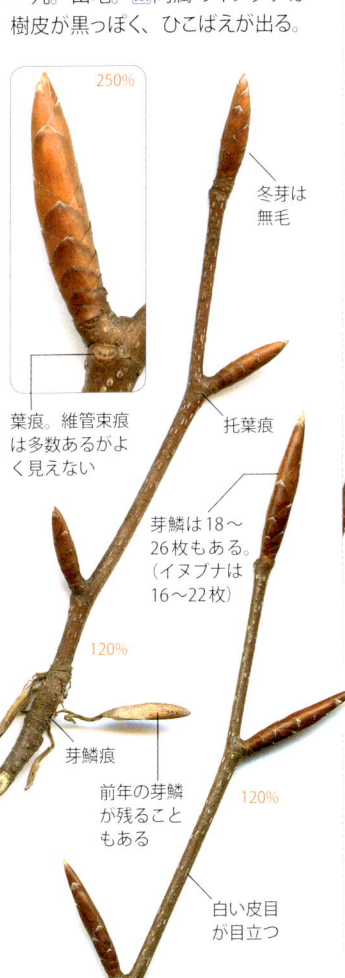

250%

葉痕。維管束痕は多数あるがよく見えない

冬芽は無毛

托葉痕

芽鱗は18～26枚もある。（イヌブナは16～22枚）

120%

芽鱗痕

前年の芽鱗が残ることもある

120%

白い皮目が目立つ

枝痕

300%

葉痕。維管束痕は微小

皮目は目立つ

120%

冬芽はほぼ無毛。色、形ともクリの実にソックリ

枝は無毛

虫こぶがついた枝▼

クリタマバチが寄生した虫こぶの残骸

100%

120%

コナラ

Quercus serrata

ブナ科 コナラ属

`高木` `互生` `細` `鱗芽(多数)` `多数`

[冬芽]水滴形〜卵形で**断面が5角形**。芽鱗は**多数**がうろこ状に重なる。頂芽の周囲に側芽が数個集まる。[葉痕]半円形〜腎形。[枝]**細い**。勢いのよい枝は輪生状に側枝を出す。[幹]縦に裂け、ミズナラより**硬い**。平滑な白い部分がある。[分]北〜九。低地〜山地の雑木林の主要種。

ミズナラ

Q. crispula 別名オオナラ

ブナ科 コナラ属

`高木` `互生` `太` `鱗芽(多数)` `多数`

[冬芽]水滴形〜卵形で**断面が5角形**。芽鱗は**多数**がうろこ状に重なる。[葉痕]半円形〜腎形。[枝]**太く**、やや赤みを帯びた灰色。勢いのよい枝は輪生状に側枝を出す。[幹]コナラに似るが、**紙状に薄くはがれる**。[分]北〜九。山地〜亜高山。[メモ]ドングリもコナラより大きい。

300%
芽鱗はほぼ無毛で5列に並ぶ
葉痕。維管束痕は多数がばらばらに散らばる
120%
側枝は特に細い
枝は無毛
頂芽の周囲に頂生側芽が数個つく
皮目は多い
100%
1年枝と2年枝の間に芽鱗痕がある
髄の断面は5角形
120%

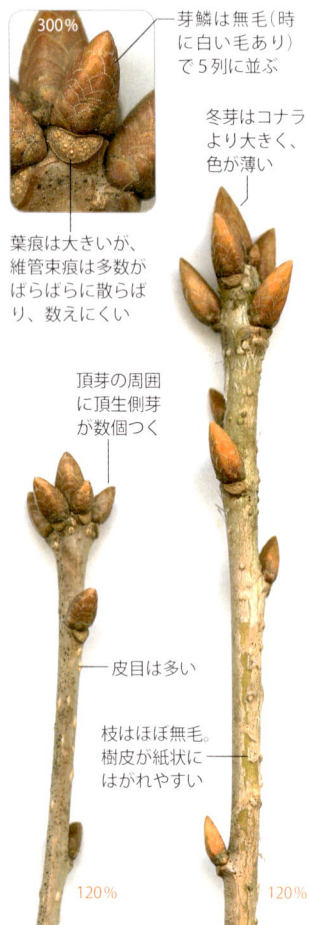

300%
芽鱗は無毛(時に白い毛あり)で5列に並ぶ
冬芽はコナラより大きく、色が薄い
葉痕は大きいが、維管束痕は多数がばらばらに散らばり、数えにくい
頂芽の周囲に頂生側芽が数個つく
皮目は多い
枝はほぼ無毛。樹皮が紙状にはかれやすい
120% 120%

カシワ
Q. dentata

ブナ科 コナラ属

高木　互生　極　鱗芽(多数)　多数

[冬芽]水滴形で**断面が5角形**。芽鱗は**多数**がうろこ状に重なり、灰色の**短毛**が密生する。[葉痕]半円形〜三角形。[枝]**極太**、縦に**稜**がある。褐色の**短毛と星状毛が密生する**。枯葉が冬も枝に残る。[幹]コナラに似るが樹皮が厚く、凹凸が大きい。[分]北〜九。丘陵〜山地。庭木。

クヌギ
Q. acutissima

ブナ科 コナラ属

高木　互生　中　鱗芽(多数)　多数

[冬芽]水滴形で**断面が5角形**。芽鱗は**多数**が重なり、縁に灰色の短毛が密生する。[葉痕]半円形。[枝]褐色で無毛。[幹]樹皮は**硬く**、縦に深く裂ける。**樹皮に平滑な面はない**。[分]本〜九。丘陵〜山地の雑木林。[類]同属のアベマキの冬芽は本種とほぼ同じで、樹皮に弾力がある。

250%

芽鱗は短毛が密生し、5列に並ぶ

葉痕。維管束痕は多数がばらばらに散らばる

頂芽の周囲に頂生側芽が数個つく

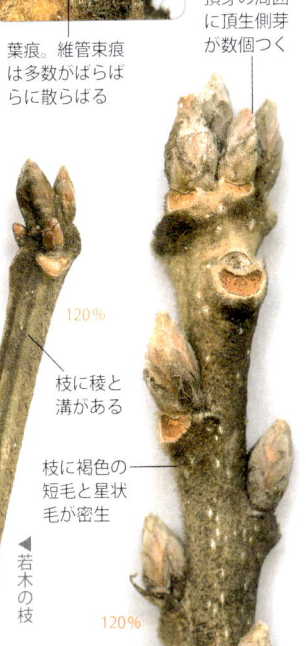

120%

枝に稜と溝がある

枝に褐色の短毛と星状毛が密生

◀若木の枝

120%

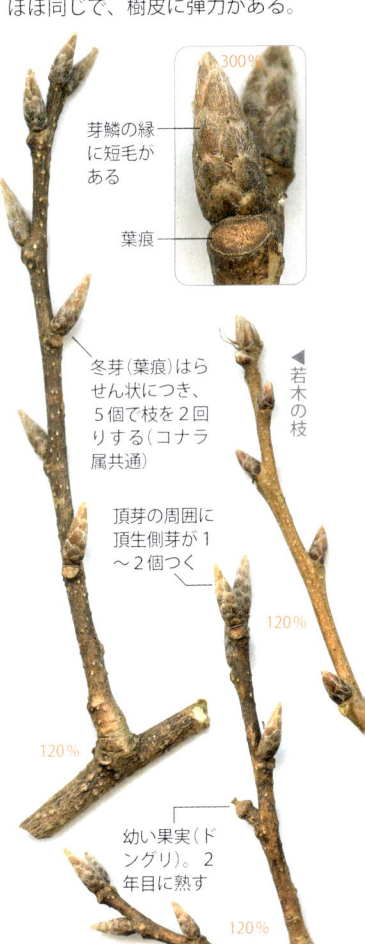

300%

芽鱗の縁に短毛がある

葉痕

冬芽(葉痕)はらせん状につき、5個で枝を2回りする(コナラ属共通)

頂芽の周囲に頂生側芽が1〜2個つく

120%

120%

幼い果実(ドングリ)。2年目に熟す

◀若木の枝

120%

ケヤキ

Zelkova serrata

ニレ科 ケヤキ属

`高木` `互生` `細` `鱗芽(8-12)` `3個`

[冬芽]卵形で先はやや尖る。正面から**見える芽鱗は10枚ほど**。冬芽は枝に**開出**してつく。[葉痕]半円形〜楕円形。[枝]**細く、紫褐色で無毛**。先端ほど**ジグザグ**する。[幹]若木の樹皮は灰色で滑らか、成木は**うろこ状にはがれる**。[分]本〜九。丘陵〜山地の雑木林。街路樹、公園樹。

エノキ

Celtis sinensis var. japonica

ニレ科 エノキ属

`高木` `互生` `細` `鱗芽(2-5)` `3個`

[冬芽]**おむすび形**で先はやや尖る。側芽は枝に**伏生**する。正面から**見える芽鱗は2〜3枚**。[葉痕]半円形〜楕円形。維管束痕は**白っぽく明瞭**。[枝]**細く、軟毛が生える**。枝はジグザグする。2年枝は無毛。[幹]砂のようにざらつく。[分]本〜九。丘陵〜山地の明るい場所や神社。

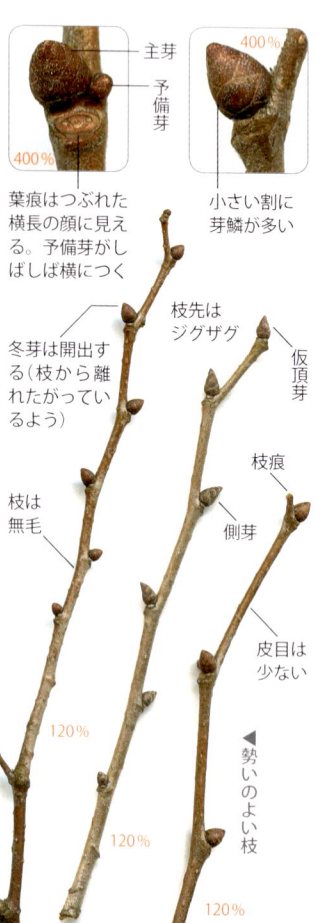

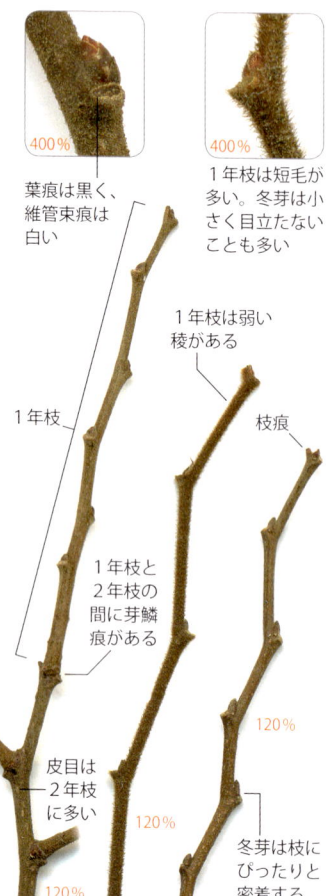

- 芽鱗に白毛が生え、襟のような縁取りがある
- 300%
- 枝の毛は硬くてざらつく
- 枝はジグザグする
- 葉痕は黒く、維管束痕は白い
- 皮目は多い
- 120% 120%

ムクノキ
ニレ科 ムクノキ属
Aphananthe aspera

| 高木 | 互生 | 細 | 鱗芽(6-10) | 3個 |

[冬芽] 水滴形で芽鱗は数枚が重なり、**白い伏毛が目立つ**。予備芽がつく場合は横に並ぶ。[葉痕] 三角形～楕円形で**暗い色**。[枝] 細く、黒っぽい。**硬い毛が生え、ざらつく**。[幹] 樹皮は白っぽくて**縦に筋**が入る。老木では樹皮がむけ、根が**板根状**に張り出す。[分] 本(関東以西)～沖。丘陵の明るい場所、神社。

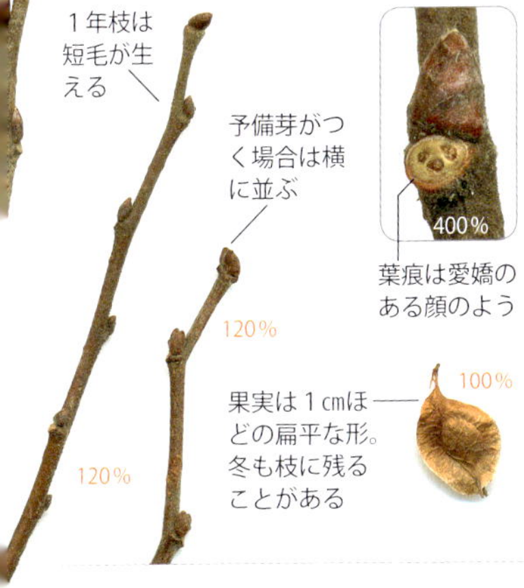

- 1年枝は短毛が生える
- 予備芽がつく場合は横に並ぶ
- 400%
- 葉痕は愛嬌のある顔のよう
- 120%
- 果実は1cmほどの扁平な形。冬も枝に残ることがある
- 100%
- 120%

アキニレ
ニレ科 ニレ属
Ulmus parvifolia

| 高木 | 互生 | 細 | 鱗芽(5-8) | 3個 |

[冬芽] 卵形でやや扁平。正面から見える芽鱗は5～6枚、灰色の微毛がある。[葉痕] 半円形～楕円形。**維管束痕は明瞭**。[枝] 紫色を帯びた褐色で、1年枝は**灰色の微毛**がある。2年枝は無毛。皮目は隆起する。[幹] 樹皮は灰色や緑色を帯びた褐色で、**うろこ状にはがれる**。[分] 本～九。丘陵の荒地や川岸、街路樹。

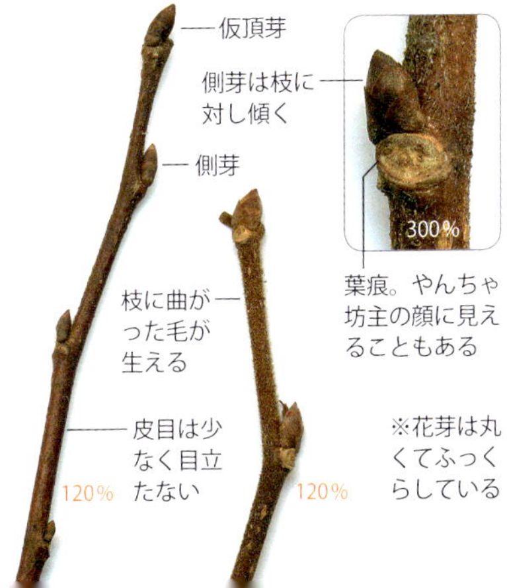

- 仮頂芽
- 側芽は枝に対し傾く
- 側芽
- 300%
- 葉痕。やんちゃ坊主の顔に見えることもある
- 枝に曲がった毛が生える
- 皮目は少なく目立たない
- 120% 120%
- ※花芽は丸くてふっくらしている

ハルニレ
ニレ科 ニレ属
U. davidiana var. *japonica*

| 高木 | 互生 | 中 | 鱗芽(5-8) | 3個 |

[冬芽] 卵形～水滴形。側芽は左右に傾く。正面から見える芽鱗は5～6枚。[葉痕] 半円形～楕円形。[枝] **中細。軟らかい毛が生える**。2年枝は無毛。果実は12mmほどの扁平な形。[幹] 樹皮は灰色で**縦に細く裂ける**。[分] 北～九。山地。[メモ] 枝にコルク質の翼が発達するタイプをコブニレと呼ぶ。

21

ヤマグワ

クワ科 クワ属

Morus australis　別名クワ

高木　互生　中　鱗芽(5-6)　多数

[冬芽]**水滴形**で淡い褐色〜褐色。正面から見える芽鱗は3〜4枚、無毛。[葉痕]半円形〜円形。維管束痕は**輪状**に並ぶ。[枝]淡い褐色。[幹]老木の樹皮は縦に裂ける。[分]北〜九。丘陵〜山地。かつて栽培。[類]同属のマグワは、枝や冬芽は太く白っぽく、皮目が大きく多い傾向。

ヒメコウゾ

クワ科 コウゾ属

Broussonetia kazinoki

低木　互生　中　鱗芽(2)　多数

[冬芽]**おむすび形**。**芽鱗は左右に2枚**。冬芽は**枝に密着**する。[葉痕]ほぼ円形で隆起する。維管束痕は**輪状**に並ぶ。葉痕の肩に托葉痕がある。[枝]先端ほど**ジグザグ**する。[分]本〜九。丘陵〜山地。[類]同属のカジノキは剛毛が多く、枝が太い。コウゾは本種とカジノキの雑種。

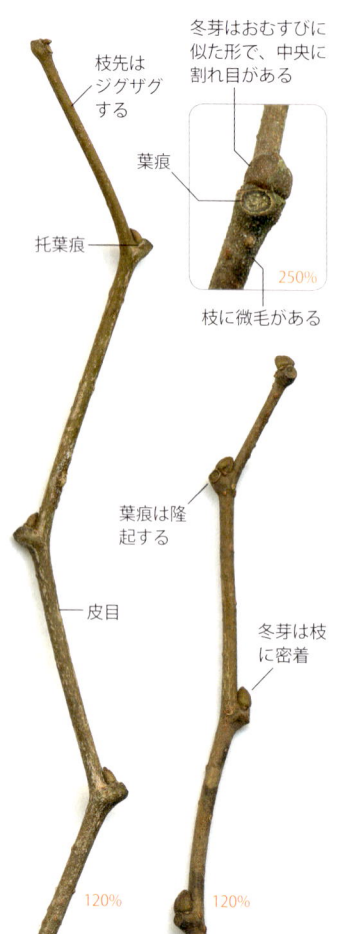

仮頂芽

枝痕

芽鱗は3〜5枚が見え、重ね着をしたよう

托葉痕

葉痕は隆起する

300%

枝先はジグザグする

皮目

托葉痕

枝は無毛

120%　120%

枝先はジグザグする

托葉痕

冬芽はおむすびに似た形で、中央に割れ目がある

葉痕

250%

枝に微毛がある

葉痕は隆起する

皮目

冬芽は枝に密着

120%　120%

イチジク

クワ科 イチジク属

Ficus carica

小高木　互生　極　鱗芽(2)　多数

[冬芽] 頂芽は**大きな水滴形**で先端は**鋭く尖る**。芽鱗は2枚あり無毛。[葉痕] 半円形～円形で大きい。維管束痕は**多数が輪状に並ぶ**。[枝] **極太**。枝を1周する**托葉痕**がある。切り口から乳液が出る。托葉痕と乳液はイチジク属共通の特徴。[分] 西アジア原産。暖地で栽培。

イヌビワ

クワ科 イチジク属

F. erecta

小高木　互生　太　鱗芽(2)　多数

[冬芽] 頂芽は**水滴形**で先端は**鋭く尖る**。芽鱗は2枚あり無毛。[葉痕] 腎形～円形。維管束痕は**多数**。[枝] 太く、無毛。**枝を1周する托葉痕**がある。切り口から乳液が出る。果実や花(花嚢)はイチジク状で、冬も花嚢をつけている。[分] 本(関東以西)～沖。海岸近くの丘陵。

葉芽／側芽／托葉痕／200%
葉痕。維管束痕は輪状に並ぶ
頂芽の先は尖る
花芽(イチジク状花序のつぼみ)
120%
托葉痕は枝を1周する
120%
側芽は頂芽より小さい

300%
頂芽の先は尖る
托葉痕／葉痕。維管束痕は輪状に並ぶ
花嚢。径約2cmで小型のイチジク状
托葉痕は枝を1周する
側芽は頂芽より小さい
120%
◀若木の細い枝
120%

ユリノキ

モクレン科 ユリノキ属

Liriodendron tulipifera

`高木` `互生` `太` `鱗芽(2)` `多数`

冬芽 扁平でアヒルのくちばしを思わせる。芽鱗は無毛。予備芽がつくこともある。葉痕 円形。維管束痕は**多数がばらばらに散らばる**。枝 無毛。**托葉痕は枝を1周する**。髄に隔壁のような膜がある。幹 彫刻刀で彫ったように**縦に裂ける**。分 北米原産。街路樹、公園樹。

ホオノキ

モクレン科 モクレン属

Magnolia hypoleuca

`高木` `互生` `極` `鱗芽(2)` `多数`

冬芽 頂芽は**超大型**で、日本の樹木で最大級。これだけで本種とわかる。**側芽は小さい**。葉痕 ハート形〜楕円形。維管束痕は**多数がばらばらに散らばる**。枝 緑〜紫色を帯びる。**托葉痕は枝を1周する**。幹 白っぽく滑らか。分 北〜九。丘陵〜山地。メモ 葉は長さ約30cmで大型。

葉痕は丸くて大きい。維管束痕はばらばら

葉痕。維管束痕はばらばら

むけた芽鱗

モクレン科の冬芽は、托葉2枚と葉柄が合着して芽鱗を形成している。春先、冬芽の展開に伴って托葉が落ちたあとを「托葉痕」と呼ぶ

頂芽は側芽より大きい

側芽

▲頂芽と枝の断面

髄は充実するが、膜で仕切られる

頂芽。芽鱗が合着した跡が見える

側芽

托葉痕は枝を1周する

皮目は円形〜長楕円形

葉柄が付着する

皮目は円形

トーテムポール状に集まった葉痕（葉が輪生状についていた名残）

▲細い枝

枝は無毛

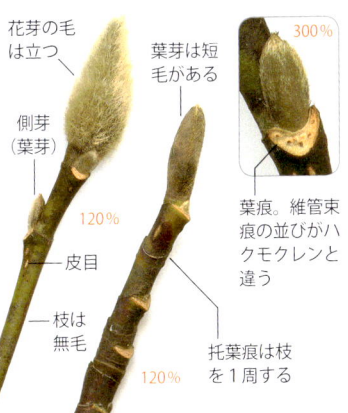

花芽の毛は立つ
側芽（葉芽）
葉芽は短毛がある
葉痕。維管束痕の並びがハクモクレンと違う
皮目
枝は無毛
托葉痕は枝を1周する

コブシ
モクレン科 モクレン属
M. kobus

高木　互生　中　鱗芽(2)　7-12個

[冬芽] 花芽は大きく、長軟毛に覆われ、芽鱗が見えにくい。葉芽は短い毛に覆われる。[葉痕] V字形。維管束痕は多数が**1列に並ぶ**。[枝] **中細**で緑〜紫系の色を帯びる。[幹] 白っぽく滑らか。[分] 北〜九。丘陵〜山地の雑木林。庭木、街路樹。[類] 同属のシデコブシは花芽の毛がボサボサと乱れ、枝先に長毛がある。

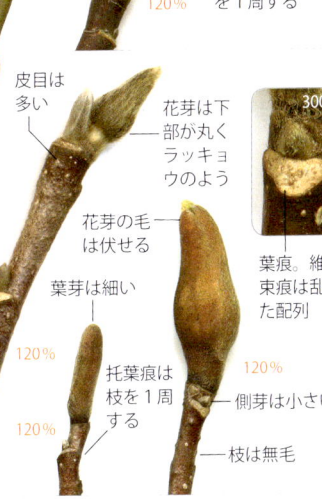

皮目は多い
花芽は下部が丸くラッキョウのよう
花芽の毛は伏せる
葉芽は細い
葉痕。維管束痕は乱れた配列
托葉痕は枝を1周する
側芽は小さい
枝は無毛

モクレン
モクレン科 モクレン属
M. quinquepeta 別名シモクレン

小高木　互生　太　鱗芽(2)　7-9個

[冬芽] 花芽は大きく、伏した毛に覆われ、中央から上が**急に細くなる**。葉芽は短い伏した毛に覆われる。[葉痕] 縦幅の広いV字形〜三角形。維管束痕の並びは**列が乱れる**。[枝] **太く**、緑〜紫系の色を帯び、**無毛**。托葉痕は枝を1周する。[幹] 白っぽく滑らか。[分] 北〜九。丘陵〜山地の雑木林。中国原産。庭木。

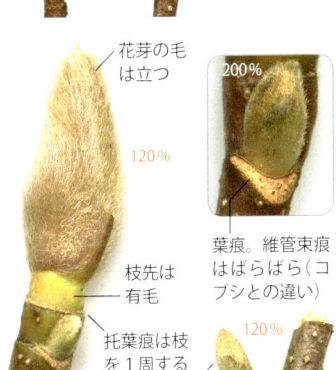

花芽の毛は立つ
葉痕。維管束痕はばらばら（コブシとの違い）
枝先は有毛
托葉痕は枝を1周する
皮目は灰色
葉芽

ハクモクレン
モクレン科 モクレン属
M. heptapeta

高木　互生　太　鱗芽(2)　多数

[冬芽] 花芽は特に大きく、長軟毛に覆われ、葉芽は短い伏した毛に覆われる。[葉痕] 縦幅の広いV字形。維管束痕は**ばらばらに散らばる**。[枝] **太く**、緑色を帯び、枝先や葉痕周辺に**長毛を散生する**。托葉痕は枝を1周する。[幹] 白っぽく滑らか。[分] 中国原産。庭木。[メモ] モクレン科の枝は切り口に芳香がある。

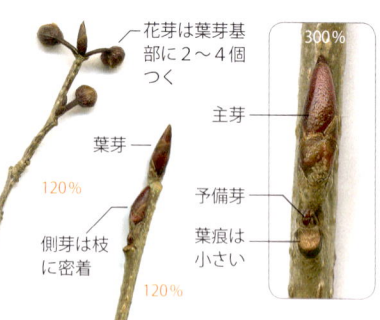

アブラチャン
クスノキ科 クロモジ属
Lindera praecox

低木　互生　細　鱗芽(3-7)　1or3個

冬芽 葉芽は**長い水滴形**で**赤く**、つやがある。正面から見える芽鱗は4〜5枚。花芽は葉芽の横につき、**球形で柄がある**。葉痕 ハート形〜半円形、小さい。枝 **細く、茶系の色**。無毛。分 本〜九。丘陵〜山地。

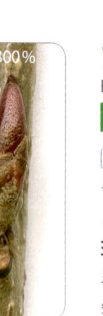

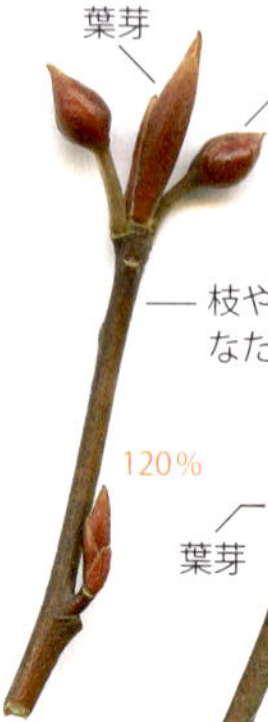

クロモジ
クスノキ科 クロモジ属
L. umbellata

低木　互生　細　鱗芽(3-4)　1個

冬芽 **長い水滴形で赤みを帯び**、正面から見える芽鱗は2〜3枚。花芽は葉芽の横につき、**たまねぎ形で柄がある**。葉痕 半円形。枝 **暗い緑色〜赤茶色**。無毛。切り口は芳香がある。分 北〜九。丘陵〜山地。

ダンコウバイ
クスノキ科 クロモジ属
L. obtusiloba

低木　互生　中　鱗芽(4-5)　3個

冬芽 葉芽は**水滴形で赤みを帯び**、正面から見える芽鱗は3〜4枚。花芽は葉痕の上につき、**無柄の球形**。葉痕 半円形〜楕円形で大きめ。枝 **中細で緑系の色**。無毛。分 本(関東以西)〜九。丘陵〜山地。

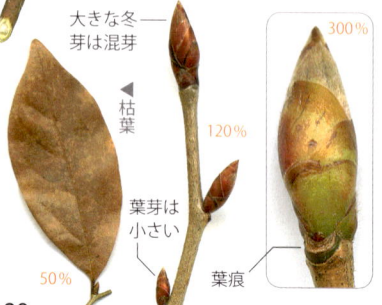

ヤマコウバシ
クスノキ科 クロモジ属
L. glauca

低木　互生　中　鱗芽(7-9)　1or3個

冬芽 **水滴形で赤みを帯びる**。独立した花芽はなく、**混芽**になる。正面から見える芽鱗は6枚前後。葉痕 半円形。枝 **灰褐色〜淡い褐色**。無毛。**枯葉が冬も枝に残る**。分 本(関東以西)〜九。丘陵〜山地。

フサザクラ

フサザクラ科 フサザクラ属
Euptelea polyandra

`高木` `互生` `太` `鱗芽(7-9)` `7-9個`

[冬芽]水滴形、黒っぽく**ツヤ**がある。正面から見える芽鱗は5〜6枚。[葉痕]三角形〜倒松形で大きい。維管束痕は縦長で**7〜9個が直線的に並ぶ**。[枝]**太く**、淡褐色、無毛。[幹]樹皮はベージュ系、**横長の皮目**がある。[分]本〜九。丘陵〜山地の沢筋ややせ地。

カツラ

カツラ科 カツラ属
Cercidiphyllum japonicum

`高木` `対生` `細` `鱗芽(2)` `3個`

[冬芽]水滴形〜円錐形で赤く、ツヤがある。**仮頂芽が2個並ぶ**。芽鱗は2枚。[葉痕]**V字形**。維管束痕は3個。[枝]長枝と短枝がある。枝は二又に分かれ、Y字形に伸びる。[幹]樹皮は**縦に裂け**、ややはがれる。[分]北〜九。丘陵〜山地の谷間。公園樹。

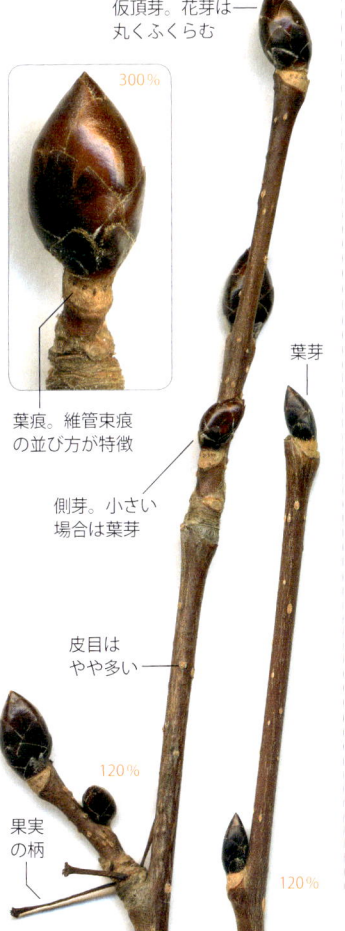

仮頂芽。花芽は丸くふくらむ

300%

葉痕。維管束痕の並び方が特徴

葉芽

側芽。小さい場合は葉芽

皮目はやや多い

120%

果実の柄

120%

仮頂芽。先端は内側に曲がることも多い

皮目は円形で多い

長枝

120%

短枝。年数を経るとイモムシのような形になる

側芽はややずれてつくこともある

250%

葉痕は隆起する

120%

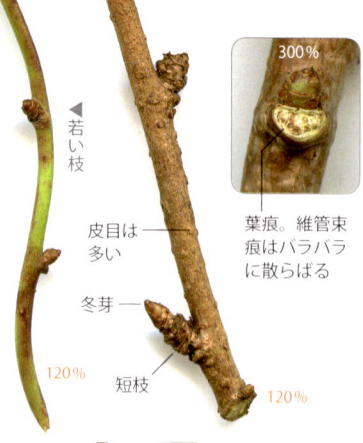

◀若い枝
皮目は多い
冬芽
短枝
120%

300%
葉痕。維管束痕はバラバラに散らばる
120%

アケビ
Akebia quinata

アケビ科 アケビ属

つる｜互生｜中｜鱗芽(多数)｜7個

冬芽 卵形で褐色。芽鱗は多数ある。葉痕 半円形、維管束痕は**7個程度**。枝 つるになり、巻き方は**右肩上がり**。**短枝**が出やすい。分 本〜九。丘陵〜山地の林縁やヤブに普通。類 同属のミツバアケビとの区別は、冬芽だけでは困難。冬でも葉が残ることがあり、5小葉ならアケビ、3小葉ならミツバアケビ。

若い枝は毛が多い
枝に縦の筋があり、有毛
▶年数を経た古い枝◀
120%
120%

冬芽の上に果軸痕がつくこともある
冬芽は毛に覆われる
300%
葉痕。維管束痕はバラバラに散らばる

アオツヅラフジ
Cocculus orbiculatus

ツヅラフジ科 ツヅラフジ属

つる｜互生｜細｜裸芽｜5-11個

冬芽 卵形で**白っぽい長毛を厚くかぶる**。葉痕 腎形、**隆起**する。維管束痕は不明瞭だが5〜11個。枝 つるになり、巻き方は**右肩上がり**。緑色で毛が多く、古くなると褐色になり、毛も減る。分 北〜九。丘陵〜山地の林縁や道端。類 同属のオオツヅラフジは枝が太く、冬芽は半球形で無毛。

120%
◀太めの枝▶
葉痕のまわりはふくらむ
冬芽
主芽
予備芽
120%

葉痕。中央の維管束痕を前歯に見立てると、ネズミの顔に見える
300%
枝に微毛が残ることもある

オオバウマノスズクサ
Aristolochia kaempferi

ウマノスズクサ科 ウマノスズクサ属

つる｜互生｜中｜裸芽｜3個

冬芽 **白っぽい毛に覆われ**、水滴形〜円錐形、先は尖る。上の大きな冬芽が成長し、下の冬芽は予備になる。葉痕 **V字形**で冬芽を取り囲む。枝 つるになり、巻き方は右肩上がり。緑色で微毛がある。分 本（関東以西）〜九。丘陵〜山地の林縁。類 同属のウマノスズクサは、草本なので地上部に冬芽はない。

マタタビ
Actinidia polygama

マタタビ科 マタタビ属

つる　互生　太　半隠芽　1個

[冬芽] 枝の中に**半分埋もれ**（半隠芽）、冬芽の先だけ見える。[葉痕] **円形**、凹面鏡のように凹む。[枝] つるになり、巻き方は**右肩上がり**。無毛。**髄は充実**。[分] 北〜九。丘陵〜山地の林縁。[類] キウイフルーツは同属のオニマタタビ（中国原産）の改良品で、半隠芽で枝に剛毛が生える。

サルナシ
A. arguta

マタタビ科 マタタビ属

つる　互生　太　隠芽　1個

[冬芽] 葉痕上部のふくらみ（葉枕）に冬芽が埋もれ、**見えない**。「サルナシ冬芽ナシ」と覚える。[葉痕] **円形**、凹面鏡のように凹む。[枝] つるになり、巻き方は**右肩上がり**。無毛。マタタビと違って、**髄に隔壁がある**。[分] 北〜九。丘陵〜山地の林縁。

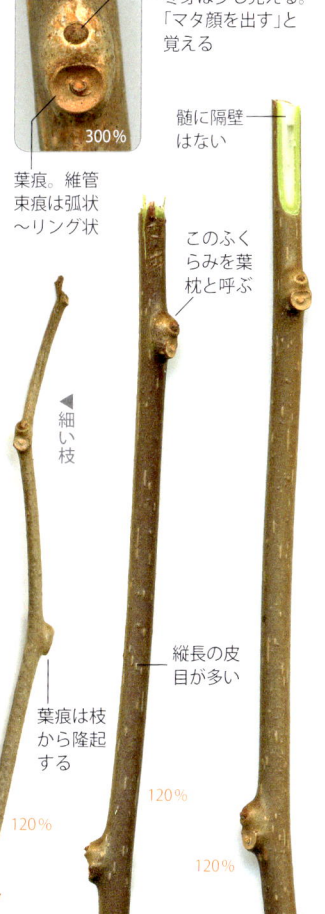

300%

冬芽は少し見える。「マタ顔を出す」と覚える

髄に隔壁はない

葉痕。維管束痕は弧状〜リング状

このふくらみを葉枕と呼ぶ

◀細い枝

縦長の皮目が多い

葉痕は枝から隆起する

120%　120%　120%

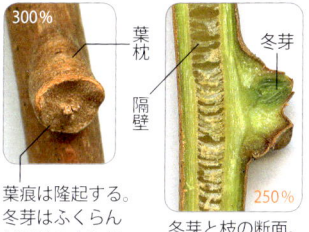

300%

葉枕

隔壁

冬芽

250%

葉痕は隆起する。冬芽はふくらんだ葉枕の中に隠れている

冬芽と枝の断面。隠れている冬芽と、髄の隔壁が見える

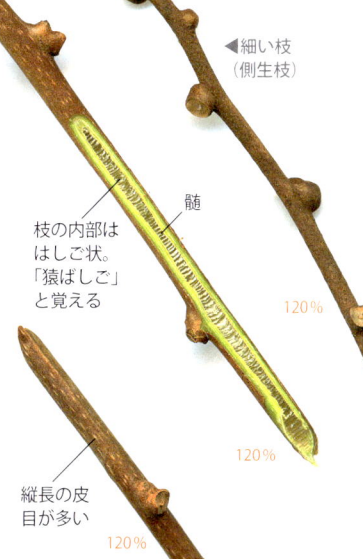

◀細い枝（側生枝）

髄

枝の内部ははしご状。「猿ばしご」と覚える

120%

120%

縦長の皮目が多い

120%

29

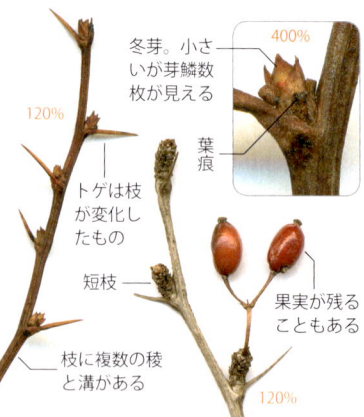

メギ
メギ科 メギ属
Berberis thunbergii

`低木` `互生` `細` `鱗芽（約8）` `不明瞭`

[冬芽]球形で小さい。赤褐色の芽鱗が数枚見える。[葉痕]ごく小さく不明瞭、維管束痕も不明瞭。[枝]縦の溝と稜がある。冬芽の脇の1～3本の鋭いトゲが目印。短枝が出る。[分]本～九。丘陵～山地の林縁やヤブ。[メモ]このように小さな冬芽の観察は難しい。メギの場合はトゲと枝の稜で判断するのがよい。

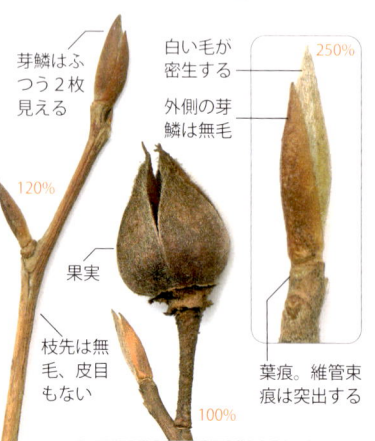

ナツツバキ
ツバキ科ナツツバキ属
Stewartia pseudocamellia 別名シャラノキ

`高木` `互生` `細` `鱗芽(2)` `1個`

[冬芽]細長い水滴形で扁平。芽鱗は2～4枚あるが早落性で、1枚だけ残ったり、裸芽状態になったりする。芽鱗に白い伏毛がある。[葉痕]半円形。維管束痕は1個。[枝]無毛。枯れた果実が残る。[幹]樹皮がはがれ、美しいまだら模様になる。模様はヒメシャラより大きい。[分]本～九。山地の林内。庭木。

ヒメシャラ
ツバキ科 ナツツバキ属
S. monadelpha

`高木` `互生` `細` `鱗芽(5-6)` `1個`

[冬芽]水滴形で扁平。芽鱗は5～6枚で、微細な絹毛と縁に白毛がある。[葉痕]半円形、やや隆起する。[枝]褐色で通常無毛。果実はナツツバキより小さい。[幹]樹皮がはがれ、橙色をベースとしたまだら模様になる。[分]本～九。山地の林内。庭木。[類]同属のヒコサンヒメシャラは芽鱗が2枚見え、樹皮は本種に似る。

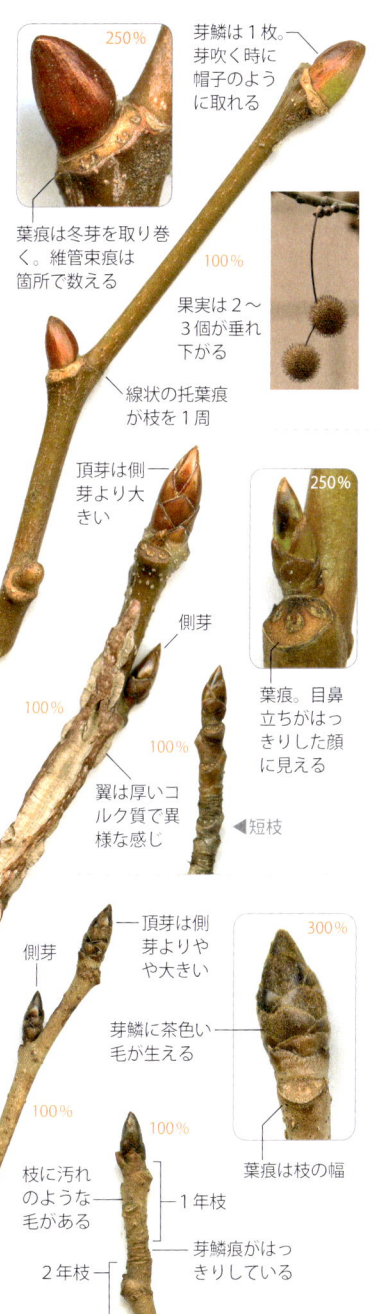

モミジバスズカケノキ <small>スズカケノキ科 スズカケノキ属</small>

Platanus × acerifolia 別名プラタナス

`高木` `互生` `太` `鱗芽(1)` `5-7ヵ所`

[冬芽] 大きな卵形。芽鱗は**1枚**で帽子状。葉が落ちるまで冬芽は葉柄の基部に包まれる（葉柄内芽）。[葉痕] **冬芽を取り巻き、U〜O字形**。[枝] **太く**、ほぼ無毛。ピンポン玉大の果実が冬も残る。[幹] 樹皮は緑、白、褐色などの**まだら模様**。[分] スズカケノキとアメリカスズカケノキの交配種。街路樹。

モミジバフウ <small>マンサク科フウ属</small>

Liquidambar styraciflua 別名アメリカフウ

`高木` `互生` `太` `鱗芽(6-10)` `3個`

[冬芽] 頂芽は水滴形、**赤く、ツヤがあり無毛**。正面から見える芽鱗は5〜8枚。[葉痕] 半円形〜腎形、隆起する。維管束痕は**大きく明瞭**。[枝] **太く**、無毛。2年目以上の枝にコルク質の**翼がつく**。ピンポン玉大のイガ状の果実が冬も残る。[幹] コルク層が発達し、縦に裂ける。[分] 北米原産。公園樹、街路樹。

フウ <small>マンサク科フウ属</small>

L. formosana 別名タイワンフウ

`高木` `互生` `中` `鱗芽(多数)` `3個`

[冬芽] 大きめの水滴形。芽鱗は黒っぽく、**短毛がある**。正面から見える芽鱗は8〜10枚。[葉痕] 半円形〜三角形。維管束痕は3個で突出する。[枝] **中細**。1年枝には**短毛**が多い。コルク質の**翼は出ない**。ピンポン玉より小さめの、栗のイガに似た果実が冬も残る。[分] 中国原産。公園樹、街路樹。

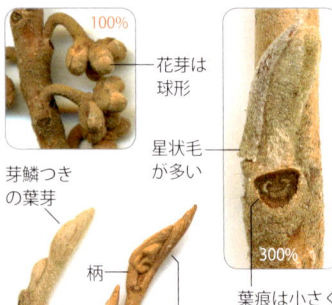

マンサク
Hamamelis japonica

マンサク科 マンサク属

`小高木` `互生` `中` `鱗芽→裸芽` `3個`

[冬芽]葉芽は**扁平な裸芽**（芽鱗は早落する）で、**柄がある**。**花芽は卵形**で2〜4個が集まる。芽鱗に**星状毛**が密生する。[葉痕]**半円形**。[枝]**星状毛**がある。[分]北〜九。山地の林内。公園樹。[類]多雪地に分布するものはマルバマンサクと呼ぶ。同属のシナマンサク（中国原産）は芽鱗が落ちず、枯葉が枝に残る。

トサミズキ
Corylopsis spicata

マンサク科 トサミズキ属

`低木` `互生` `中` `鱗芽(2)` `3個`

[冬芽]葉芽は水滴形で、花芽はぼってりと**丸い**。芽鱗は**2枚**。[葉痕]半円形〜三角形。維管束痕は3個。[枝]**中細**。短枝には**長毛**が残る。枝は**ジグザグ**に曲がる。[分]四（高知県）。自生地は限定される。公園樹、庭木。[類]同属のコウヤミズキは、中部以西の山地の岩場に自生するが、冬芽での区別は難しい。

ヒュウガミズキ
C. pauciflora

マンサク科 トサミズキ属

`低木` `互生` `細` `鱗芽(2)` `1-3個`

[冬芽]葉芽は水滴形で、**花芽は球形**で先はとがり、短い柄がある。芽鱗は**2枚**。[葉痕]半円形〜三角形、ごく小さい。維管束痕は1〜3個。[枝]**細い。無毛**。枝のジグザグは目立たない。[分]本（中部〜近畿の日本海側）。自生地は限定される。公園樹、庭木。[メモ]トサミズキに似るが、枝は細く冬芽も小さい。

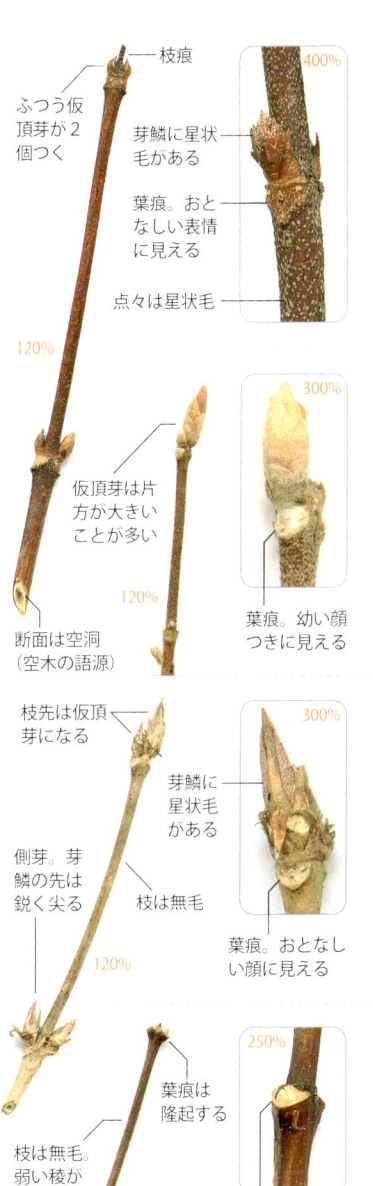

ウツギ
ユキノシタ科 ウツギ属
Deutzia crenata 別名ウノハナ

|低木| |対生| |細| |鱗芽(8-10)| |3個|

[冬芽]やや長い卵形で**星状毛が密生**する。正面から見える芽鱗は6枚前後。[葉痕]浅いV字形〜三角形。[枝]**星状毛が密生**する。髄は**中空**。果実は直径4〜6㎜。[分]北〜九。丘陵〜山地の林縁など。

マルバウツギ
ユキノシタ科 ウツギ属
D. scabra

|低木| |対生| |細| |鱗芽(多数)| |3個|

[冬芽]水滴形。**多数の芽鱗**がきっちりと重なり、**伏せた毛が密生**する。[葉痕]三角形〜半円形。[枝]**星状毛が密生**する。髄は**中空**。果実は直径3㎜でウツギより小さい。[分]本(関東以西)〜九。丘陵〜山地の林縁。

ヒメウツギ
ユキノシタ科 ウツギ属
D. gracilis

|低木| |対生| |細| |鱗芽(8-10)| |3個|

[冬芽]水滴形で**芽鱗の先は鋭く尖る**。芽鱗には**星状毛**がある。[葉痕]浅いV字形〜三角形。[枝]**無毛**。髄は**中空**。果実はマルバウツギとほぼ同大。[分]本(関東以西)〜九。丘陵〜山地の渓流沿いの岩場。

バイカウツギ
ユキノシタ科 バイカウツギ属
Philadelphus satsumi

|低木| |対生| |細| |隠芽| |3個|

[冬芽]**葉痕の中に隠れている**(隠芽)。春、葉痕が割れて芽が出る。[葉痕]三角形で**白い**。中央が盛り上がる。維管束痕はやや不明瞭。[枝]**無毛**。表皮がはがれやすい。[分]本〜九。丘陵〜山地の林内など。庭木。

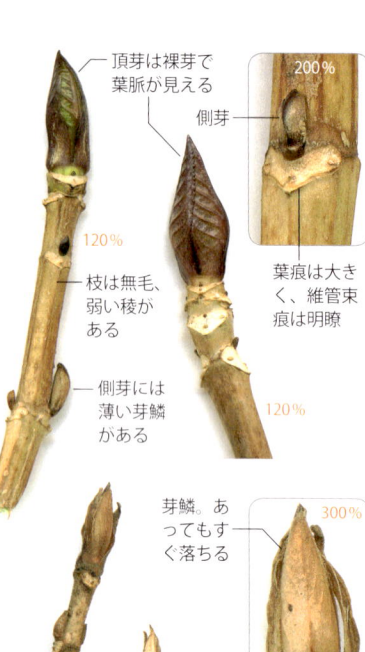

アジサイ
ユキノシタ科 アジサイ属
Hydrangea macrophylla

`低木` `対生` `太` `裸芽` 3個

[冬芽]頂芽は裸芽で、**幼い葉がむき出し**。側芽は薄い芽鱗をかぶる。[葉痕]倒松形〜ハート形。アジサイ属の維管束痕は3個。[枝]**太く**、無毛。弱い稜がある。枯れた**装飾花**が冬も残る。[分]野生型はガクアジサイと呼ばれ、本（関東〜近畿）〜四の太平洋側の一部に分布。園芸品種が多く、各地で庭木、公園樹。

ヤマアジサイ
ユキノシタ科 アジサイ属
H. serrata

`低木` `対生` `太` `鱗芽→裸芽` 3個

[冬芽]頂芽は裸芽で**葉がむき出し**。側芽は小さく、**薄い芽鱗**をかぶる。[葉痕]三角形〜ハート形。維管束痕は**突出**する。[枝]太く、弱い稜がある。果序の外周に枯れた**装飾花**が冬も残る。[分]北〜九。谷間などの湿った斜面、林縁。[類]変種にエゾアジサイ、アマチャ、アマギアマチャなどがある。

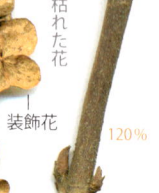

タマアジサイ
ユキノシタ科 アジサイ属
H. involucrata

`低木` `対生` `太` `鱗芽(4-6)` 3or5個

[冬芽]頂芽は枝先に1個つき、**側芽より大きい。芽鱗は薄く、粗い毛**が生える。[葉痕]倒松形〜三角形で大きい。維管束痕は3または5個。[枝]太く、灰色の**毛が密生**しザラザラする。**表皮ははがれやすい**。枯れた装飾花や果実が冬も残ることが多い。[分]本（中部地方以北）。丘陵〜山地の湿った場所。

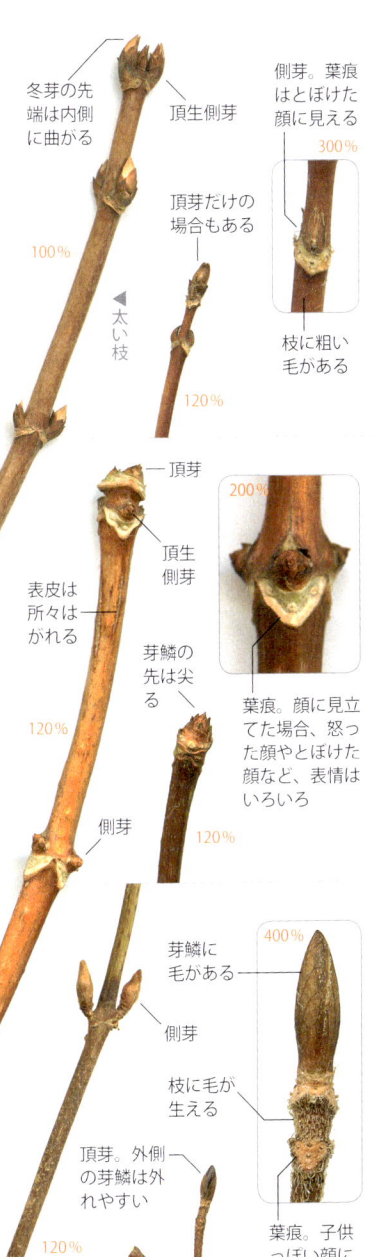

コアジサイ
ユキノシタ科 アジサイ属
H. hirta

`低木` `対生` `細` `鱗芽(5-6)` `3個`

`冬芽` 枝先にふつう2個つき、**内側に曲がる**。芽鱗は薄く、粗い毛が生える。`葉痕` V字形〜三角形。維管束痕は3個、明瞭。`枝` **細く**、淡褐色の**毛が散生**する。枝先に**小さな果実**がたくさん残ることが多い（装飾花はない）。`分` 本（関東以西）〜九。丘陵〜山地の明るい林内や林縁。

ノリウツギ
ユキノシタ科 アジサイ属
H. paniculata 別名サビタ

`低木` `対生` `太` `鱗芽(4-6)` `3個`

`冬芽` **短い円錐形〜卵形で芽鱗の先は尖る**。頂芽の下に頂生側芽を伴う。側芽は**対生または3輪生**。`葉痕` 三角形〜V字形。維管束痕は3個、突出する。`枝` 太く、無毛。縦長の皮目があり、表皮がはがれる。**果序は円錐形で**、枯れた装飾花や果実が冬も残る。`分` 北〜九。山地の明るい林内、林縁。

ガクウツギ
ユキノシタ科 アジサイ属
H. scandens 別名コンテリギ

`低木` `対生` `細` `鱗芽(4-6)` `3個`

`冬芽` 頂芽は**長い水滴形**。芽鱗は膜質。見える芽鱗は**3枚程度**。`葉痕` 三角形。維管束痕は3個。`枝` 細い。**白っぽい伏せた毛**があり、枝先には開出した毛が見られる。`分` 本（関東以西）〜九。丘陵〜山地のやや湿った林内や林縁。`類` 同属のコガクウツギは冬芽はほとんど同じで、枝の色が濃い。

ツルアジサイ

ユキノシタ科 アジサイ属

Hydrangea petiolaris

つる 対生 太 鱗芽(4) 3or5個

冬芽 水滴形。見える芽鱗は**2枚**。側芽は**十字対生**する。葉痕 三日月形。枝 太い。若い枝には毛が残るが、古い枝は無毛。気根が出る。装飾花は**4(または3)個**の萼片からなり、枯れた装飾花や果実が冬も残る。分 北〜九。山地の明るい林内や林縁。

イワガラミ

ユキノシタ科 イワガラミ属

Schizophragma hydrangeoides

つる 対生 太 鱗芽(4-6) 3個

冬芽 卵形〜円筒形。**数枚の芽鱗に覆われる**。側芽は頂芽より小さい。側芽は**十字対生**する。葉痕 **三角形で大きい**。枝 **太く**、無毛か微毛がある。気根が出る。装飾花の**萼片は1個**で、枯れた装飾花や果実が冬も残る。分 北〜九。山地の明るい林内や林縁。

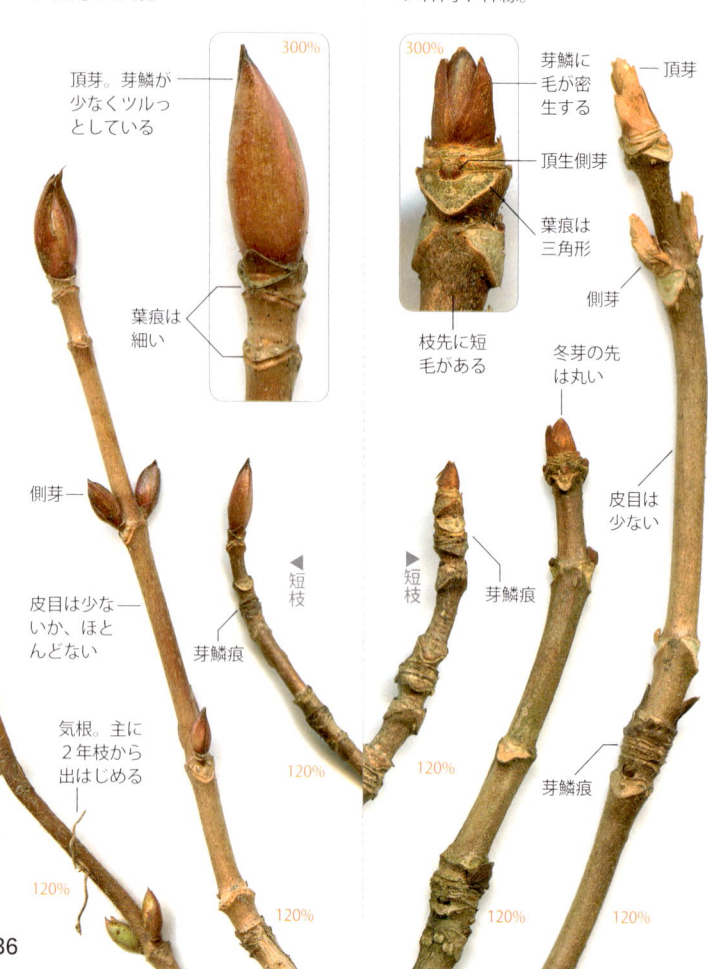

ウメ
Armeniaca mume
バラ科 アンズ属

小高木　互生　細　鱗芽(多数)　3個

冬芽 花芽は**幅広の卵形**、葉芽は**円錐形**。**1〜3個の冬芽が横に並ぶ**。正面から見える芽鱗は8枚程度。葉痕 半円形〜三角形で、やや隆起する。枝 **緑色**。側枝の先はしばしばトゲ状になる。幹 樹皮は裂けてはがれる。分 中国原産。広く栽培。栽培品種が多い。類 同属のアンズは、葉痕周辺が球状にふくらむ。

先端に枝痕がつく
葉芽は小さい
葉痕
枝は無毛
枝に小さな白点が無数にある
花芽は横にはみ出るようにつく
花芽
葉芽

モモ
Amygdalus persica
バラ科 モモ属

小高木　互生　中　鱗芽(4-10)　3個

冬芽 水滴形、灰色の毛が密生する。**1〜3個の冬芽が横に並ぶ**。正面から見える芽鱗は5枚程度。葉痕 **小さく、ひしゃげた楕円形〜三角形で、隆起する**。枝 無毛。日なた側は赤みを帯びる。**葉痕から伸びる稜がある**。幹 白っぽく横に筋が入り、サクラ類の幹に似る。分 中国原産。広く栽培。栽培品種が多い。

花芽
葉痕
枝に白い細点が無数にある
葉痕のわきから稜が伸びる

スモモ
Prunus salicina
バラ科 スモモ属

小高木　互生　中　鱗芽(6-8)　3個

冬芽 花芽は短い水滴形、葉芽は短い円錐形。**1〜3個の冬芽が横に並ぶ**。芽鱗は**無毛**。葉痕 小さく、半円形。枝 **無毛**。栗色でツヤがある。皮目は多い。勢いのよい側枝の先はトゲ状になる。幹 黒っぽく、横長の皮目が多い。やがて縦にひび割れる。分 中国原産。広く栽培、時に野生化。栽培品種が多い。

モモのような細点はない
葉芽
花芽
葉痕は小さめ
短枝

37

ヤマザクラ
Cerasus jamasakura

バラ科 サクラ属

`高木` `互生` `中` `鱗芽(多数)` `3個`

[冬芽] 水滴形。正面から見える芽鱗は8枚程度で**無毛**。**芽鱗の先は少し開く**。[葉痕] 三角形〜半円形。サクラ属の維管束痕は3個。[枝] 灰色っぽい褐色〜赤褐色、無毛。皮目は褐色で大きい。[幹] 樹皮は**横に長い筋が入った、いわゆるサクラ肌**。[分] 本〜九。丘陵〜山地。公園樹。

ソメイヨシノ
C. × yedoensis 'Somei-yoshino'

バラ科 サクラ属

`高木` `互生` `中` `鱗芽(多数)` `3個`

[冬芽] 水滴形。正面から見える芽鱗は8枚程度、**芽鱗に軟毛**がある。[葉痕] 半円形で**隆起**する。[枝] 灰色〜赤みを帯びた褐色。通常無毛。皮目は褐色で多い。側生枝は短枝化しやすい。[幹] 樹皮は**サクラ肌**。[分] 園芸種でエドヒガンとオオシマザクラの雑種。各地で公園樹、街路樹。

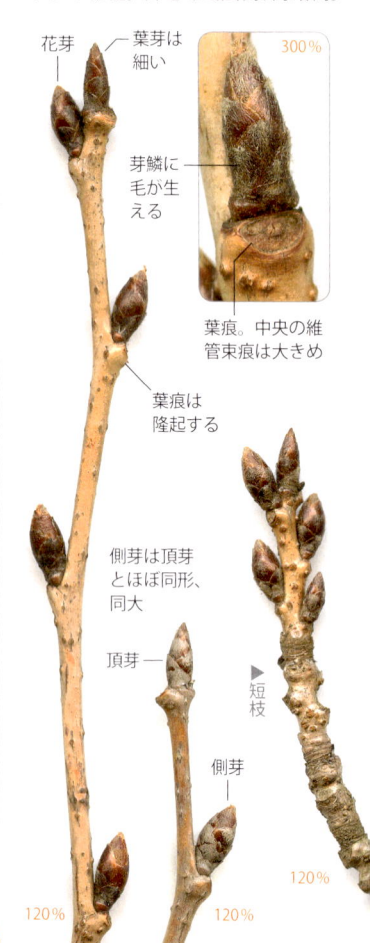

38

芽鱗の先は開かない
冬芽にツヤがあり、無毛
皮目は小さい
短枝
300%
120%
120%
葉痕。維管束痕は上側に寄る

カスミザクラ
バラ科 サクラ属
C. leveilleana

高木　互生　中　鱗芽(多数)　3個

冬芽 水滴形。正面から見える芽鱗は6枚程度、**赤褐色でツヤがあり無毛**。ヤマザクラと違い、芽鱗の**先端は開かない**。葉痕 三角形〜半円形。枝 中細、褐色。短枝が出やすい。幹 樹皮は**サクラ肌**。分 北〜九。山地。公園樹。類 同属のオオヤマザクラは、芽鱗が粘り、2年枝は白いロウ物質をかぶる。

芽鱗の枚数は多い
頂生側芽
頂芽
枝は太くて無毛、弱い稜がある
300%
120%
葉痕。維管束痕は上側に寄る

オオシマザクラ
バラ科 サクラ属
C. speciosa

高木　互生　太　鱗芽(多数)　3個

冬芽 水滴形で葉芽は細い。正面から見える芽鱗は**10枚程度と多い**。芽鱗は**無毛でツヤがある**。葉痕 半円形。枝 **太く**、灰褐色、**無毛**。枝に**弱い稜**がある。皮目は大きめ。幹 樹皮は**サクラ肌**。分 本（関東〜東海）。沿海地の丘陵。公園樹。メモ サトザクラと呼ばれる園芸品種群は、本種が強く影響している。

頂芽
芽鱗には毛がある
葉芽はほっそりしている
花芽
側芽は枝に密着
枝は有毛または無毛
120%
300%
120%
葉痕は隆起する

エドヒガン
バラ科 サクラ属
C. spachiana 別名ヒガンザクラ

高木　互生　細　鱗芽(9-10)　3個

冬芽 水滴形で葉芽は細い。正面から見える芽鱗は8枚程度。芽鱗に**白っぽい毛**が生える。側芽は**枝に密着**する。葉痕 半円形。枝 **細く**、灰色っぽい褐色。皮目は少ない。幹 他のサクラと違い、樹皮は**縦に裂ける**。分 本〜九。山地。公園樹。メモ シダレザクラはエドヒガンの品種で、枝が垂れる以外は同じ。

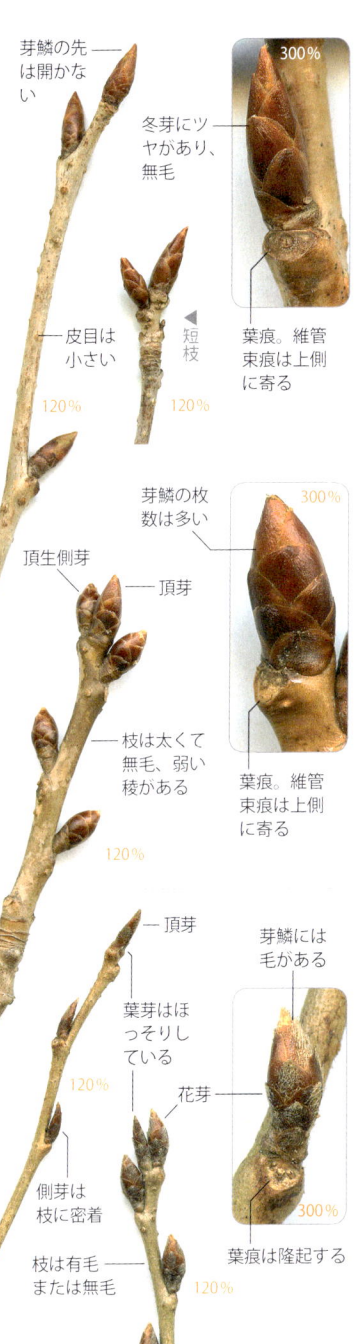

ウワミズザクラ バラ科ウワミズザクラ属
Padus grayana

`高木` `互生` `中` `鱗芽(5-8)` `3個`

[冬芽] 卵形〜水滴形、ツヤがある。正面から見える芽鱗は3〜6枚。[葉痕] 半円形。2年枝の**冬芽は落枝痕の縁にできる**。[枝] 褐色〜赤褐色。側枝が落ちて落枝痕ができる。2年目以上の枝は**ゴツゴツした落枝痕**が目立つ。[幹] **樹皮は黒っぽい**。[分] 本〜九。丘陵〜山地の林内。

300%

側芽

落枝痕(枝が落ちた痕)。こぶのように盛り上がり、中央はクレーター状

枝は無毛

120%

落枝痕

皮目は多い

1年枝には落枝痕はない

▶3年枝 ▶2年枝 ▶1年枝
120%   120%   120%

イヌザクラ バラ科ウワミズザクラ属
P. buergeriana 別名シロザクラ

`高木` `互生` `細` `鱗芽(4-6)` `3個`

[冬芽] 短い水滴形〜円錐形で、**紅紫色、ツヤがあり美しい**。見える芽鱗は**3枚程度**。[葉痕] 半円形〜腎形。[枝] **細く**、灰白色〜淡褐色、無毛。皮目は1年枝では少ない。[幹] **樹皮は白っぽく**(別名のいわれ)、横筋がある。老木は白さが消え、細かく裂ける。[分] 本〜九。丘陵〜山地。

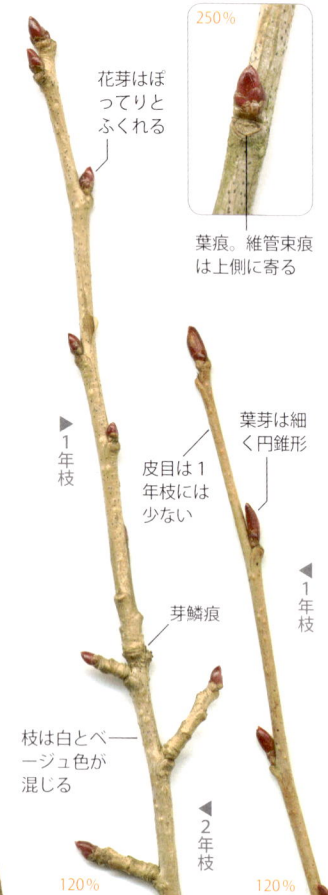

250%

花芽はぼってりとふくれる

葉痕。維管束痕は上側に寄る

▶1年枝

葉芽は細く円錐形

皮目は1年枝には少ない

◀1年枝

芽鱗痕

枝は白とベージュ色が混じる

◀2年枝

120%   120%

カマツカ バラ科カマツカ属

Pourthiaea villosa 別名ウシコロシ

小高木 互生 細 鱗芽(4-5) 3個

冬芽 赤褐色で**ツヤ**があり、円錐形〜卵形でやや小さい。見える芽鱗は4枚程度。葉痕 V字形〜半円形で隆起し、**葉痕の側面は赤色**を帯びる。枝 **細く**、無毛か軟毛が密生する。**短枝**が目印。径約1cmの赤い果実が残ることもある。分 北〜九。丘陵〜山地の林内や林縁。

長枝の側芽 / 短枝の頂芽
300% / 300%
葉痕
この部分が赤い（葉柄の基部が残っている）
古い葉痕や芽鱗痕が重なっている

― 頂芽
▶長枝
◀短枝
― 側芽
短枝が目立つことが特徴

120% 120%

ザイフリボク バラ科ザイフリボク属

Amelanchier asiatica 別名シデザクラ

小高木 互生 細 鱗芽(5-9) 3個

冬芽 細長い**水滴形**。正面から見える芽鱗は5枚程度、**赤くツヤがあり美しい**。芽鱗の間から**白毛**がはみ出す。葉痕 **三日月形〜V字形**で隆起する。枝 **細く**、**赤み**を帯びる。皮目は多い。側枝は短枝化しやすい。分 本〜九。丘陵〜山地の雑木林の林縁など、明るい場所。

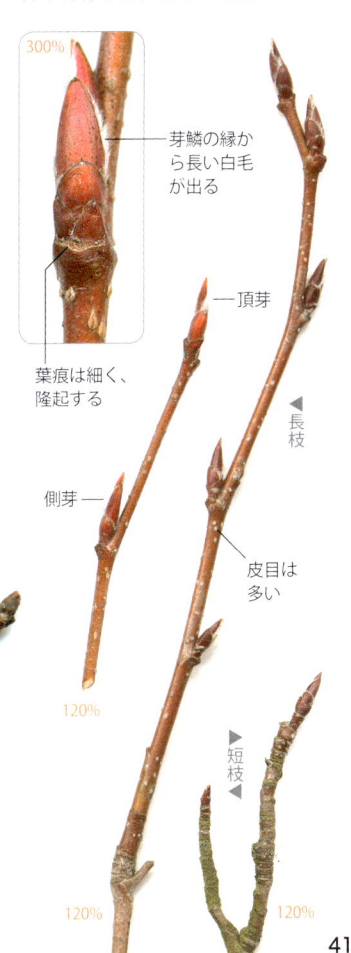

300%
芽鱗の縁から長い白毛が出る
葉痕は細く、隆起する
― 頂芽
側芽 ―
▶長枝
皮目は多い
▶短枝◀

120% 120% 120%

ズミ

バラ科 リンゴ属

Malus toringo　別名コリンゴ

`小高木` `互生` `細` `鱗芽(3-4)` `3個`

[冬芽]暗い赤色で水滴形。見える芽鱗は**3枚程度**。[葉痕]楕円形〜半円形〜浅いV字形。[枝]無毛。**短枝が発達**する。枝の先は**トゲ状**になる。径1cm弱の果実が冬も残る。[分]北〜九。山地の湿原や林縁。[類]同属のオオウラジロノキの冬芽は卵形、芽鱗に白毛があり、果実は大きい。

400%

芽鱗の先端は少し開く

葉痕

◀長枝

120%

側芽は枝に密着する

120%

トゲ状になった枝先

残った果実

120%

▼短枝

ナナカマド

バラ科 ナナカマド属

Sorbus commixta

`高木` `互生` `太` `鱗芽(2-4)` `5個`

[冬芽]**大きめの水滴形**で、赤みを帯びる。見える芽鱗は**2〜4枚**。側芽(葉芽)は小さい。[葉痕]**三日月形〜半円形で隆起**する。維管束痕が**5個**あることが特徴。[枝]太く、赤みを帯びる。無毛。皮目は縦長。短枝が出る。[分]北〜九。山地〜亜高山の林内や林縁。街路樹。

200%

頂芽。粘ることがある

葉痕。維管束痕はバラ科には珍しく5個

120%

側芽はやや小さい

葉痕は隆起する(葉柄の基部が残っている)

▶短枝

120%

アズキナシ

バラ科 アズキナシ属

Aria alnifolia 別名ハカリノメ

[高木] [互生] [中] [鱗芽(5-6)] [3個]

[冬芽]水滴形。見える芽鱗は**4〜5枚**で無毛。[葉痕]**半円形〜浅いV字形で隆起する**。維管束痕は3個(不明瞭)。[枝]**短枝が発達する**。**皮目は白くて目立つ**。ほぼ無毛。[分]北〜九。山地の尾根や乾いた林内、林縁。[メモ]果実は長さ8〜10mmの楕円形で赤く、白い皮目がある。

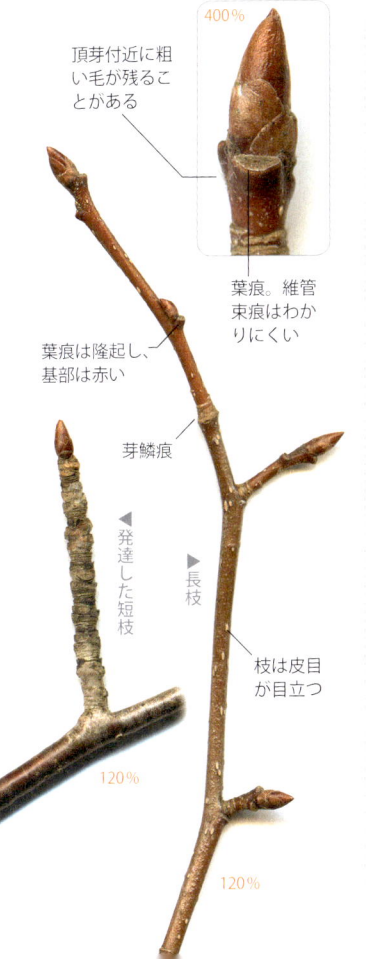

400%

頂芽付近に粗い毛が残ることがある

葉痕。維管束痕はわかりにくい

葉痕は隆起し、基部は赤い

芽鱗痕

◀発達した短枝

▶長枝

枝は皮目が目立つ

120%

120%

ウラジロノキ

バラ科 アズキナシ属

A. japonica

[高木] [互生] [中] [鱗芽(3-5)] [3個]

[冬芽]卵形で**ツヤがある**。見える芽鱗は**3〜5枚**。[葉痕]**三日月形〜半円形で隆起する**。維管束痕はやや不明瞭。[枝]赤みを帯び、ツヤがある。短枝が出る。**皮目は白い**。[幹]若木は菱形の皮目がある。[分]本〜九。丘陵〜山地の林内や林縁。[メモ]落ち葉の裏は白くて目立つ。

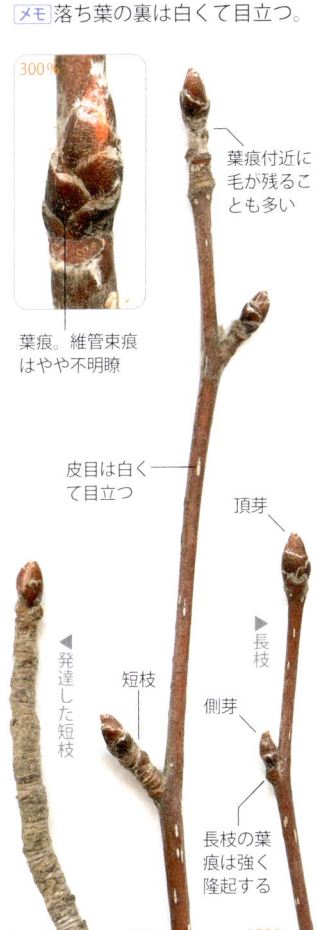

300%

葉痕付近に毛が残ることも多い

葉痕。維管束痕はやや不明瞭

皮目は白くて目立つ

頂芽

◀発達した短枝

短枝

▶長枝

側芽

長枝の葉痕は強く隆起する

120% 120% 120%

モミジイチゴ

バラ科 キイチゴ属

Rubus palmatus

低木　互生　細　鱗芽(5-7)　3個

[冬芽]**赤く、長い水滴形**。正面から見える芽鱗は5枚程度。[葉痕]三角形～半円形。維管束痕は3個。[枝]**緑色**。ただし、**日の当たる側は赤くなる**。無毛。**まっすぐなトゲ**が出る。[分]本～九。丘陵～山地の林縁やヤブ。[メモ]西日本に分布する葉が長いタイプをナガバモミジイチゴと呼ぶが、冬芽は同じ。

仮頂芽／側芽／日なたの枝／トゲが多い／日陰の枝／葉痕は小さく、維管束痕は数えにくい

ニガイチゴ

バラ科 キイチゴ属

R. microphyllus

低木　互生　細　鱗芽(5-7)　3個

[冬芽]**暗い赤色**、卵形～水滴形。正面から見える芽鱗は4枚程度。[葉痕]三角形～半円形。[枝]赤い地に**ロウ物質がかぶり、白っぽく見える**。無毛。**トゲ**が出る。[分]本～九。丘陵～山地の林縁やヤブ。[メモ]モミジイチゴとの違いは、①冬芽が短い、②枝にロウ物質がつく、③トゲは上向きに曲がること。

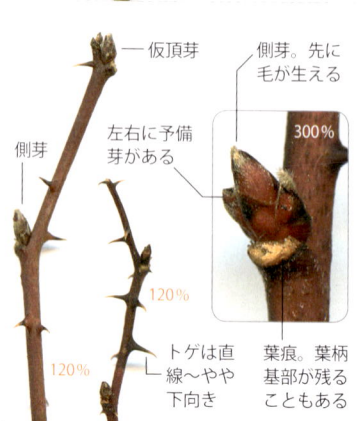

仮頂芽／トゲはやや上に反る／側芽／日陰側は緑色／枝に白いロウ物質の粉がつく／葉痕は小さく、維管束痕は数えにくい

クマイチゴ

バラ科 キイチゴ属

R. crataegifolius

低木　互生　中　鱗芽(3-5)　3個

[冬芽]**暗い赤色**、水滴形。正面から見える芽鱗は3枚程度。[葉痕]**三角形**。[枝]**暗い赤色**で、ほぼ無毛。下部はやや太いが、先は次第に細くなる。枝と**直角にトゲ**が出る。[分]北～九。山地の林縁やヤブ。[メモ]日本に自生するキイチゴ属は40種以上あり、冬芽や枝の毛などが違う。果実はどれも食べられる。

仮頂芽／側芽。先に毛が生える／左右に予備芽がある／側芽／トゲは直線～やや下向き／葉痕。葉柄基部が残ることもある

ノイバラ

Rosa multiflora 別名ノバラ

バラ科 バラ属

`低木` `互生` `細` `鱗芽(4-6)` `3個`

`冬芽` 赤く、卵形〜円筒形で小さい。仮頂芽はごく小さい。正面から見える芽鱗は3枚程度。`葉痕` 三日月形、細い。維管束痕はやや不明瞭。`枝` 緑色。下向きに曲がったトゲがある。果実（6〜9mmの球形で赤い）や、秋に芽吹いた葉がついていることも多い。`分` 北〜九。丘陵〜山地の林縁や河原など。

- 側芽は赤く、ツヤがある
- 日なた側の枝は赤くなる
- 葉痕は細く、維管束痕はややわかりにくい
- トゲは下向きに曲がる
- 芽吹いた葉

ヤマブキ

Kerria japonica

バラ科 ヤマブキ属

`低木` `互生` `細` `鱗芽(5-12)` `3個`

`冬芽` 緑色か赤い褐色、水滴形。正面から見える芽鱗は5枚程度。枝に密着する。`葉痕` 三日月形〜半円形。`枝` 細く、鮮やかな緑色、滑らか。葉痕から下に伸びる稜がある。枝は3〜4年で色が抜け、枯れる。`分` 北〜九。丘陵〜山地の谷筋。公園樹。`類` 別属のシロヤマブキは、枝が褐色で冬芽は対生する。

- 枝先はだんだん細くなる
- 枝は緑色で、トゲや皮目はない
- 葉痕はやや隆起
- 葉痕の両側から稜が出る

コゴメウツギ

Stephanandra incisa

バラ科 コゴメウツギ属

`低木` `互生` `細` `鱗芽(5-8)` `3個`

`冬芽` 赤く、卵形。正面から見える芽鱗は4〜5枚、無毛。頂芽は発達しない。勢いのよい枝では、予備芽が縦に並んでつき、翌年発芽して枝になることも多い。`葉痕` 三角形。`枝` ごく細く、淡い褐色。予備芽が発芽した場合、枝が2本平行して出る。皮目はない。`分` 北〜九。丘陵〜山地の明るい場所。

- ※枝先は枯れる
- 主芽
- 予備芽
- 葉痕
- 枝はしばしば2本が平行に出る
- 枝は無毛、皮目もない

45

ネムノキ

マメ科 ネムノキ属

Albizia julibrissin

`高木` `互生` `中` `隠芽` `3個`

[冬芽]葉痕の中にあり、見えない（隠芽）。葉痕の上に小さな**予備芽**が出る。[葉痕]三角形。[枝]**緑色を帯びた褐色**。ジグザグに屈曲し、枝先ほど強く屈曲する（このシルエットだけでも本種とわかる）。**皮目は円形で目立つ**。[分]本〜九。丘陵〜山地の明るい場所。

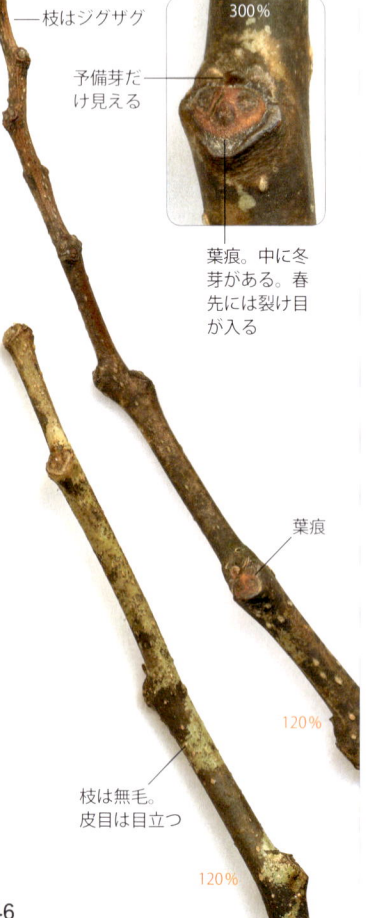

— 枝はジグザグ

予備芽だけ見える

300%

葉痕。中に冬芽がある。春先には裂け目が入る

葉痕

枝は無毛。皮目は目立つ

120%

120%

ニセアカシア

マメ科ハリエンジュ属

Robinia pseudoacacia 別名ハリエンジュ

`高木` `互生` `太` `隠芽` `3個`

[冬芽]冬芽は**葉痕の中に隠れている**（隠芽）。[葉痕]丸みのある三角形。葉痕の中央が盛り上がり、**3つに裂ける**。[枝]太く、**稜がある**。葉の両側に**鋭いトゲ**がある。[幹]縦に深く裂ける。[分]北米原産。砂防用などに植えられた。各地で丘陵〜山地の山野や河原に野生化。

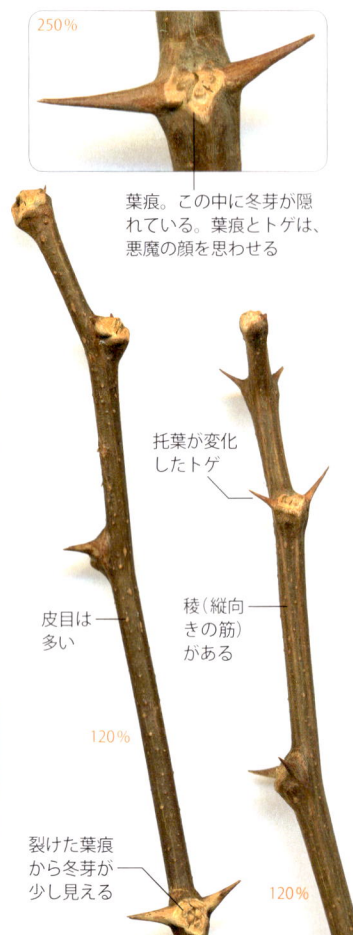

250%

葉痕。この中に冬芽が隠れている。葉痕とトゲは、悪魔の顔を思わせる

托葉が変化したトゲ

皮目は多い

稜（縦向きの筋）がある

120%

裂けた葉痕から冬芽が少し見える

120%

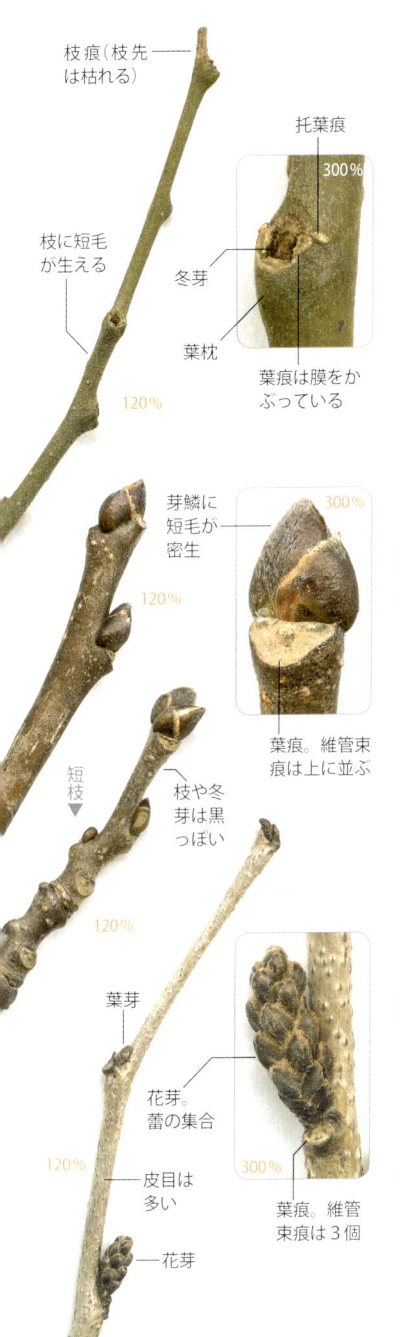

エンジュ
マメ科 エンジュ属
Styphonolobium japonicum

高木 互生 細 半隠芽 3個

[冬芽]冬芽は葉痕の下に隠れているが、**黒褐色の毛に覆われた一部は見える**（半隠芽）。[葉痕]U字形～V字形。葉痕の下のふくらんだ部分を葉枕という。[枝]**細かい毛が密生**する。**枝先に数珠状にくびれた果実**が残る。[幹]縦に裂ける。[分]中国原産。街路樹のほか、縁起のよい木として植栽。

- 枝痕（枝先は枯れる）
- 托葉痕 300%
- 枝に短毛が生える
- 冬芽
- 葉枕
- 葉痕は膜をかぶっている
- 120%

イヌエンジュ
マメ科 イヌエンジュ属
Maackia amurensis

高木 互生 太 鱗芽(2-3) 3個

[冬芽]おむすび形～短い水滴形。**芽鱗は2～3枚**、濃い褐色の地に、灰色の**短毛が密生**する。[葉痕]半円形。維管束痕は上側に寄る。[枝]太く、時に短毛がまばらに生える。切り口はソラマメのような匂いがする。[幹]**はじめ菱形に裂け**、後に縦に裂ける。[分]北～九。山地の林縁、川岸など。

- 芽鱗に短毛が密生 300%
- 120%
- 葉痕。維管束痕は上に並ぶ
- 短枝▼
- 枝や冬芽は黒っぽい

ハナズオウ
マメ科 ハナズオウ属
Cercis chinensis

低木 互生 中 鱗芽(5-6) 3個

[冬芽]花芽は2枚の芽鱗に包まれた小さな楕円体で、これが**ブドウの房状に集まる**。葉芽は扁平な卵形で5～6枚の芽鱗に包まれる。[葉痕]三角形～半円形。[枝]**褐色**。皮目は円形、多い。冬でも果実が残ることが多い。[分]中国原産。庭木。[メモ]果実は5～7cmの鞘に入った豆の形で、片側に狭い翼がある。

- 葉芽
- 花芽。蕾の集合
- 皮目は多い
- 120%
- 300%
- 葉痕。維管束痕は3個
- 花芽

47

ジャケツイバラ

マメ科 ジャケツイバラ属

Caesalpinia decapetala

`つる` `互生` `太` `裸芽` `3個`

[冬芽]**裸芽**で茶色の縮れた毛が密生する。葉痕の上に離れて**数個が縦に並ぶ**。一番上の冬芽が成長し、他は予備。[葉痕]ほぼ円形で下側が尖る。維管束痕は不明瞭。[枝]つる状に伸び、他物を覆う。冬芽のつく枝は太い。鋭いトゲがある。[分]本〜九。丘陵〜山地の林縁や河原。

- これが芽吹く
- 予備芽
- 葉痕

上の冬芽ほど大きい。こんなに並ぶ予備芽は他に例を見ない

衣服や肌に刺さりやすい邪悪なトゲがある。「ジャアクイバラ」と覚える

- 冬芽
- 残った葉柄

※花は目立つが、冬はなかなか出会えない木

クズ

マメ科 クズ属

Pueraria lobata

`つる` `互生` `太` `鱗芽(2-3)` `3個`

[冬芽]水滴形で2個が横に並ぶ。中央に枝になる大きな冬芽がつくこともある。細いつるには冬芽はつかない。[葉痕]円形〜楕円形。**動物の顔に見える**(太いつるで顕著)。[枝]つるになる。巻き方は**右肩上がり**。**茶色の毛が密生する**。[分]北〜九。丘陵〜山地の林縁など。

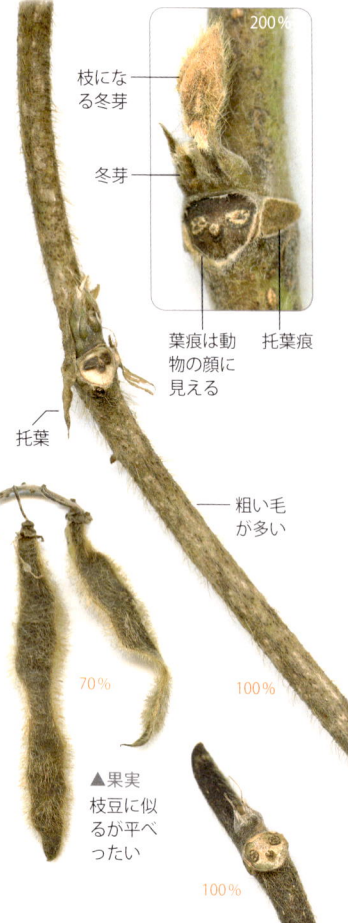

- 枝になる冬芽
- 冬芽
- 葉痕は動物の顔に見える
- 托葉痕

托葉

粗い毛が多い

▲果実 枝豆に似るが平べったい

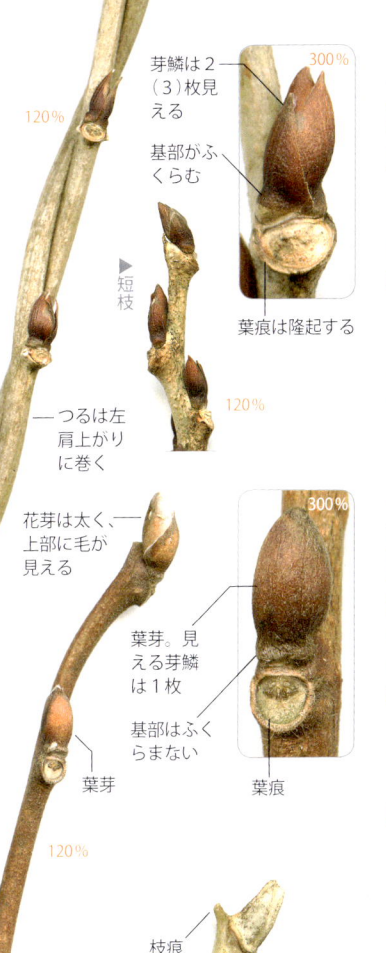

(写真中の注記)
- 120% — 芽鱗は2（3）枚見える
- 300% — 基部がふくらむ
- ▶短枝
- 葉痕は隆起する
- 120%
- つるは左肩上がりに巻く

フジ
Wisteria floribunda 別名ノダフジ

マメ科 フジ属

`つる` `互生` `中` `鱗芽(2-3)` `3個`

`冬芽` 水滴形で扁平。見える芽鱗は**2～3枚**。冬芽の**基部は両横にふくらむ**。花芽と葉芽は同形。`葉痕` 楕円形。維管束痕はやや不明瞭。`枝` つるになり、他の樹木などに巻きつく。巻き方は**左肩上がり**。幼木では直立する枝も見られる。`分` 本～九。低地～山地の林縁や明るい林内。公園樹、庭木。

(写真中の注記)
- 花芽は太く、上部に毛が見える
- 300%
- 葉芽。見える芽鱗は1枚
- 基部はふくらまない
- 葉芽
- 葉痕
- 120%

ヤマフジ
W. brachybotrys

マメ科 フジ属

`つる` `互生` `中` `鱗芽(2-3)` `3個`

`冬芽` 葉芽は水滴形で、見える芽鱗は**1枚**。冬芽の**基部はふくらまない**。**花芽は葉芽より大きく太い**。`葉痕` 半円形～楕円形。維管束痕は3個(やや不明瞭)。`枝` つるになり、他の樹木などに巻きつく。巻き方はフジと逆で、**右肩上がり**。`分` 本(近畿以西)～九。低山の林縁や明るい林内。公園樹、庭木。

(写真中の注記)
- 枝痕
- 皮目は多い
- 袋が破れると毛に覆われた冬芽が出る
- 300%
- 袋をかぶった冬芽
- 120%
- 葉痕は冬芽を取り囲む

フジキ
Cladrastis platycarpa

マメ科 フジキ属

`高木` `互生` `中` `裸芽` `3個`

`冬芽` 白い紙のような袋に包まれる。袋は葉柄基部にあったもので、破れると**黒褐色の毛**に覆われた冬芽が現れる。`葉痕` ほぼ**O字形**。葉柄の基部に包まれていた（葉柄内芽）ことがわかる。`枝` 無毛、褐色。皮目は円形で多い。`分` 本～四。山地の林内や林縁。`類` 同属のユクノキは白い袋がなく、最初から裸芽。

アカメガシワ

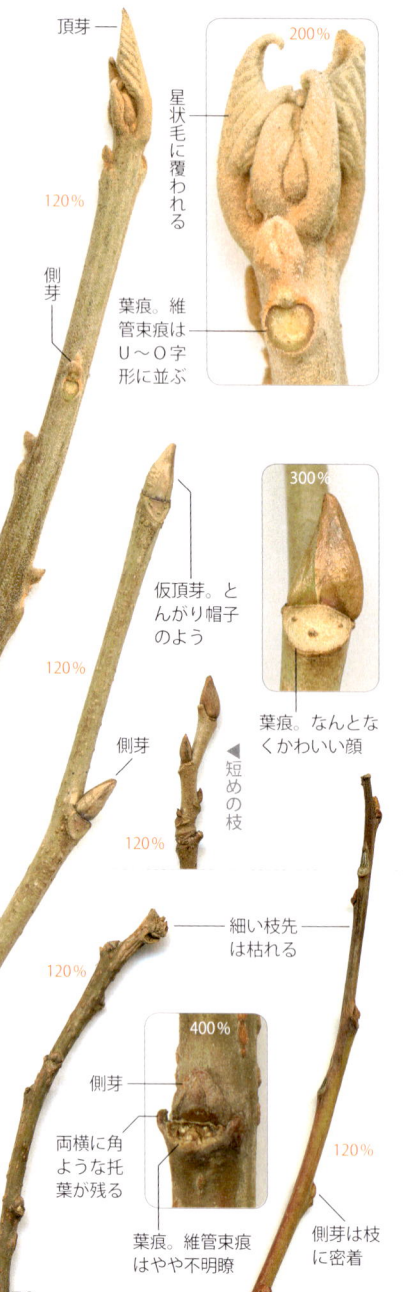

トウダイグサ科 アカメガシワ属
Mallotus japonicus

高木　互生　太　裸芽　多数

頂芽 ―
星状毛に覆われる
側芽
葉痕。維管束痕はU〜O字形に並ぶ
200%
120%

冬芽 裸芽で**星状毛が密生**し、**葉脈のシワが見える**(「赤芽がシワ」と覚える)。側芽は小さい。葉痕 円形〜半円形で**隆起する**。枝 **太く、星状毛が密生**する。弱い稜がある。幹 縦の筋があり、筋はクロスして縦長の網目模様になる。樹皮はムクノキに似る。分 本〜沖。丘陵の林縁や崩壊地など明るい場所。

シラキ

トウダイグサ科 シラキ属
Neoshirakia japonica

小高木　互生　中　鱗芽(2)　3個

仮頂芽。とんがり帽子のよう
側芽
短めの枝
葉痕。なんとなくかわいい顔
120%
300%
120%

冬芽 頂芽は**円錐形**。芽鱗は**2枚**あり、褐色、無毛。葉痕 半円形で枝幅いっぱいの大きさ。維管束痕は**3個**。小人がとんがり帽子をかぶっているようでかわいい。枝 中細で無毛、白っぽい。切り口から**白い乳液が出る**。幹 **白っぽく滑らか**で、林の中では目立つ。分 本〜沖。丘陵〜山地の林内。

ナンキンハゼ

トウダイグサ科 ナンキンハゼ属
Triadica sebifera

高木　互生　中　鱗芽(2-4)　3個

細い枝先は枯れる
側芽
両横に角ようなな托葉が残る
葉痕。維管束痕はやや不明瞭
側芽は枝に密着
120%
400%
120%

冬芽 **おにぎり形で小さく、無毛**。芽鱗は外側の**2枚**が目立つ。葉痕 半円形。維管束痕は3個。**左右に硬い托葉がある**。枝 中細で無毛。皮目は目立たない。切り口から白い乳液が出る。果実が冬も残ることが多く、褐色の果皮が落ちて**白い種子が目立つ**。分 中国原産。街路樹、公園樹。

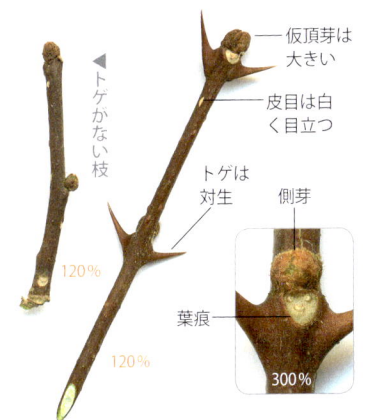

サンショウ
ミカン科 サンショウ属
Zanthoxylum piperitum

[低木] [互生] [中] [裸芽] [3個]

[冬芽]**球形、裸芽で伏した毛**に覆われる。[葉痕]半円形～三角形。維管束痕は明瞭。[枝]無毛。葉痕の**両側に鋭いトゲ**（托葉が変化したもの）が出る。トゲの大きさは個体差があり、トゲがない個体もある。[幹]トゲの基部が**こぶ状にふくれて残る**。[分]北～九の丘陵～山地。香味料として栽培。

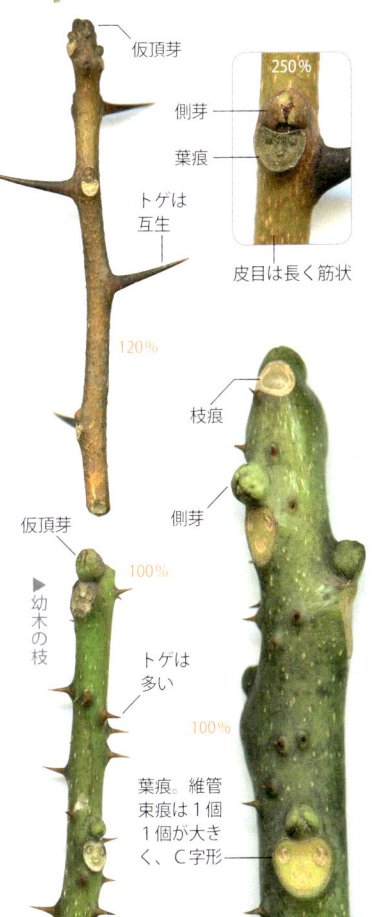

仮頂芽は大きい
皮目は白く目立つ
トゲかない枝
トゲは対生
側芽
葉痕
120%
120%
300%

イヌザンショウ
ミカン科 サンショウ属
Z. schinifolium

[低木] [互生] [中] [鱗芽(2-3)] [3個]

[冬芽]**小さな半球形**で先は丸い。鱗芽で**無毛**。[葉痕]ハート形～三角形。[枝]無毛。葉痕とは無関係に**1本ずつ鋭いトゲ**（表皮が変化したもの）が出る。[幹]トゲの基部が**こぶ状にふくれて残る**。[分]本～九。丘陵～山地の林縁や河原。[メモ]サンショウとの区別は、トゲが対生か互生かを見る。

仮頂芽
250%
側芽
葉痕
トゲは互生
皮目は長く筋状
120%

カラスザンショウ
ミカン科 サンショウ属
Z. ailanthoides

[高木] [互生] [極] [鱗芽(3)] [3個]

[冬芽]ほぼ**半球形**で鱗芽。芽鱗は3枚。[葉痕]ハート形～腎形、**大きい**。維管束痕は**3個**で、それぞれがC字形。[枝]**極太**で無毛。若い枝は緑色。**枝に多数の鋭いトゲ**がある。冬芽よりも、枝の太さとトゲが見分けポイント。[幹]トゲの基部が**こぶ状にふくれて残る**。[分]本～沖。丘陵～山地の明るい林内や林縁。

枝痕
側芽
仮頂芽
幼木の枝
トゲは多い
100%
100%
葉痕。維管束痕は1個1個が大きく、C字形

キハダ

ミカン科 キハダ属
Phellodendron amurense

高木 | 対生 | 太 | 鱗芽(2) | 3個

[冬芽] ほぼ**半球形**で、赤みを帯びた茶色の伏毛に覆われる。2枚の芽鱗は見えにくく、裸芽かと思うほど。[葉痕] **O字形**。ピエロの顔に見える。[枝] **太く無毛**。枝は**Y字形に伸びる**ので、枝だけ見ると対生とは気づきにくい。[分] 北〜九。山地の沢沿いや林縁。

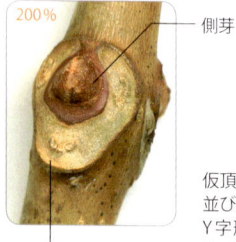

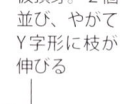

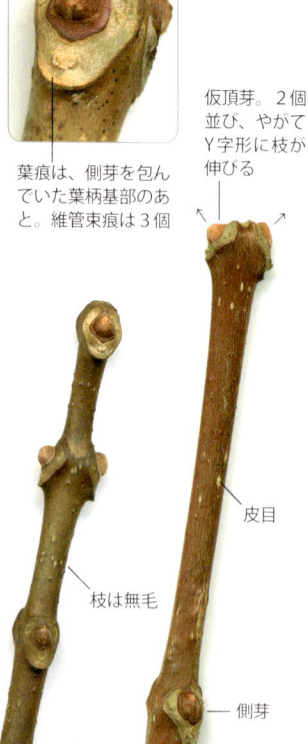

200%
側芽

葉痕は、側芽を包んでいた葉柄基部のあと。維管束痕は3個

仮頂芽。2個並び、やがてY字形に枝が伸びる

皮目

枝は無毛

側芽

120%　120%

コクサギ

ミカン科 コクサギ属
Orixa japonica

低木 | 互生 | 中 | 鱗芽(多数) | 1個

[冬芽] やや長い水滴形。芽鱗は多数が整然と並び、**縁は白く、ツートーンカラーが鮮やか**。**2個ずつ互生**する（コクサギ型葉序）。[葉痕] 楕円形〜半円形〜ハート形。[枝] 灰色がかった褐色。雌株は果実が残る。[分] 本〜九。山地の谷筋など。[メモ] 「三大美芽」の一つともいわれる。

300%

葉痕。維管束痕は弧状で、ニコちゃんマークの口のよう

頂芽

300%

芽鱗の縁は白く、いなずま模様に見える

側芽は片側に2個ずつつく

皮目

果実。通常4個で1組

枝は無毛

100%　100%

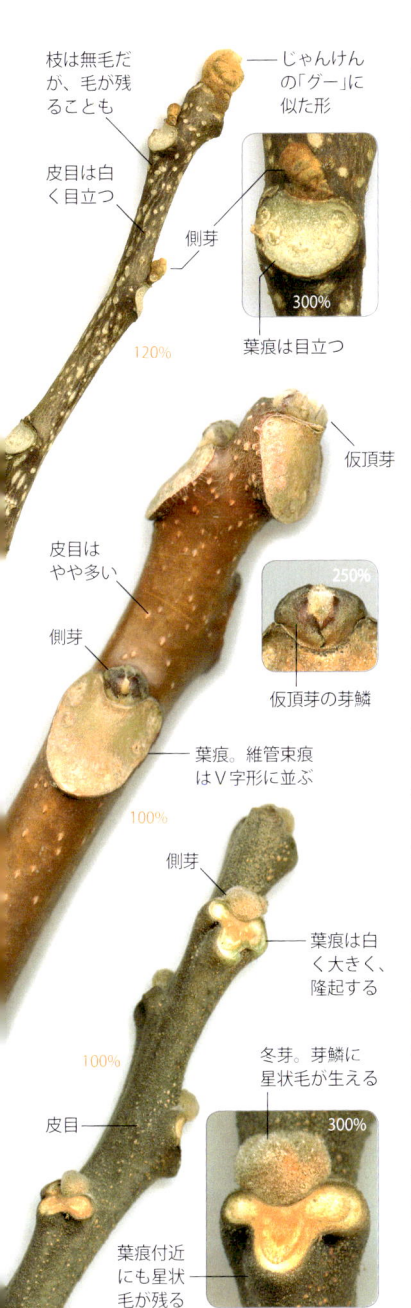

（写真ラベル）
- 枝は無毛だが、毛が残ることも
- じゃんけんの「グー」に似た形
- 皮目は白く目立つ
- 側芽
- 葉痕は目立つ
- 仮頂芽
- 皮目はやや多い
- 側芽
- 仮頂芽の芽鱗
- 葉痕。維管束痕はV字形に並ぶ
- 側芽
- 葉痕は白く大きく、隆起する
- 冬芽。芽鱗に星状毛が生える
- 皮目
- 葉痕付近にも星状毛が残る

ニガキ
ニガキ科 ニガキ属
Picrasma quassioides

高木　互生　太　裸芽　5-7個

[冬芽] 茶色の毛に覆われた裸芽で、**握りこぶしのような形**。側芽は小さい。[葉痕] 半円形〜円形、**白くて目立つ**。維管束痕は**5〜7個**。葉痕の肩に托葉痕がある。[枝] 冬芽と同様の毛が生えることがある。枝は苦く、胃腸薬にされる。[幹] 黒っぽく滑らかで、南部鉄瓶を思わせる。[分] 北〜九。丘陵〜山地。

シンジュ
ニガキ科ニワウルシ属
Ailanthus altissima 別名ニワウルシ

高木　互生　極　鱗芽(2-3)　多数

[冬芽] ややつぶれた**半球形**で、枝の太さや葉痕に比べて小さい。外側の芽鱗2枚が向き合う。芽鱗は無毛か短毛が密生。[葉痕] 大きく、**ハート形**でやや隆起する。維管束痕は**多数**。[枝] **極太**。褐色系の色で無毛、皮目がある。[幹] 縦に波状のしわがある。[分] 中国原産。かつて栽培したものが川原や土手に野生化。

センダン
センダン科 センダン属
Melia azedarach

高木　互生　極　鱗芽(3)　3個

[冬芽] ややつぶれた**球形**で、**星状毛が密生**する。芽鱗は3枚ほどに見えるが、星状毛が厚くてわかりにくい。[葉痕] 大きく、**T字形〜倒松形で隆起**する。維管束痕は**3個**。[枝] **極太**。緑色がかった褐色。小さな皮目がたくさんある。弱い稜がある。[分] 四、九、沖。関東以西の暖地で広く植栽、野生化。

ヌルデ

ウルシ科 ヌルデ属

Rhus javanica 別名フシノキ

`小高木` `互生` `太` `鱗芽(3-4)` `多数`

[冬芽]半球形。**黄褐色の軟毛が密に生える**ため芽鱗は見えず、一見裸芽のよう。側芽は仮頂芽とほぼ同大。[葉痕]大きな**U字〜V字形**、やや隆起する。[枝]**翼のある葉軸**や、果実が冬も残ることがある。切り口から乳液が出る。[分]北〜九。丘陵〜山地の林縁。

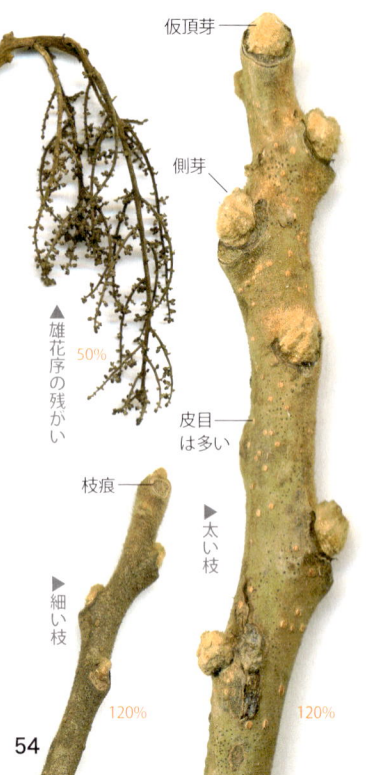

- 冬芽は葉痕に囲まれる
- 葉痕
- 葉痕周辺の枝に短毛が残る

300%

- 仮頂芽
- 側芽
- 皮目は多い
- 枝痕
- ◀ 雄花序の残かい 50%
- ▶ 細い枝
- ▶ 太い枝

120% / 120%

ハゼノキ

ウルシ科ヌルデ属

R. succedanea 別名リュウキュウハゼ

`高木` `互生` `太` `鱗芽(3-6)` `多数`

[冬芽]頂芽は大きく、幅広の水滴形で、**無毛**。芽鱗は**横に並び3枚**ほど見える。側芽は球形で小さい。[葉痕]大きく、**ハート形〜半円形でやや隆起する**。[枝]**赤みを帯びる。無毛**。切り口から乳液が出て、肌につくとかぶれる。[分]本(関東以西)〜沖。丘陵。庭木。

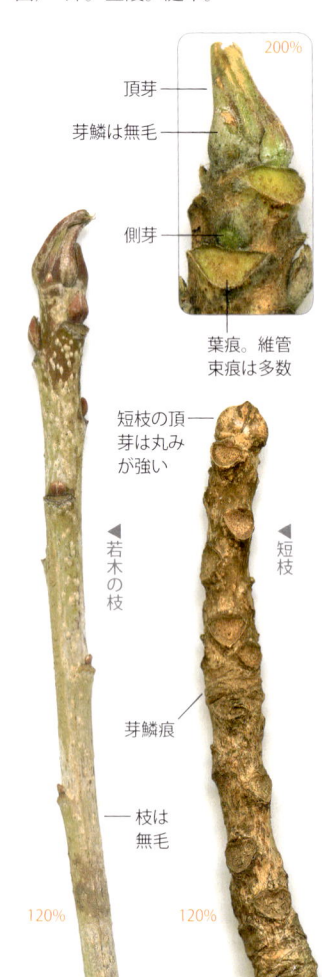

200%

- 頂芽
- 芽鱗は無毛
- 側芽
- 葉痕。維管束痕は多数
- 短枝の頂芽は丸みが強い
- ◀ 若木の枝
- ◀ 短枝
- 芽鱗痕
- 枝は無毛

120% / 120%

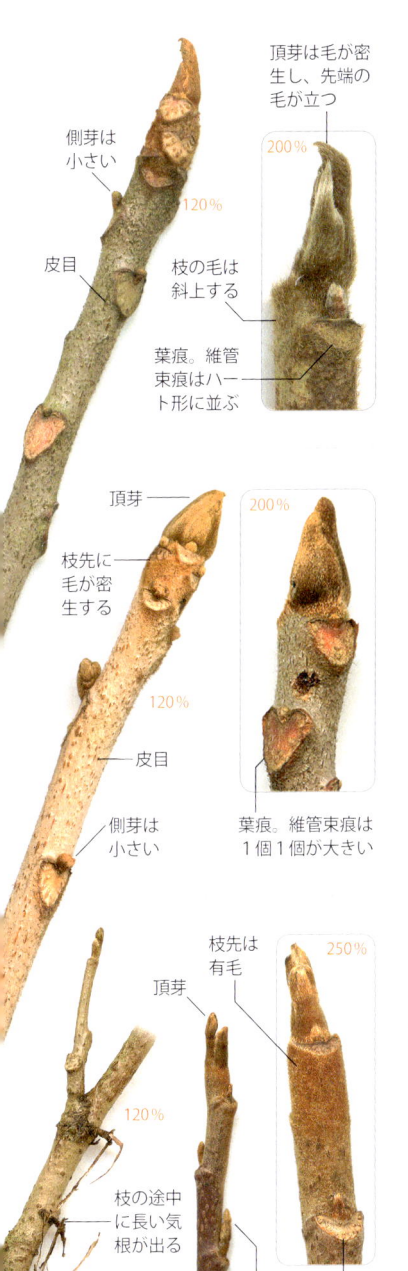

ヤマハゼ
R. sylvestris

ウルシ科 ヌルデ属

`小高木` `互生` `太` `裸芽` `多数`

[冬芽] 頂芽は大きく、卵形〜円錐形、先はやや尖る。**裸芽で赤茶色の毛が密生する**。側芽は球形〜卵形で小さい。[葉痕] 大きく、ハート形、**やや隆起する**。維管束痕の粒々はヤマウルシより小さい。[枝] **斜上する短毛がある**。切り口から乳液が出て、肌につくとかぶれる。[分] 本(関東以西)〜九。丘陵〜山地。

側芽は小さい
皮目
枝の毛は斜上する
葉痕。維管束痕はハート形に並ぶ
頂芽は毛が密生し、先端の毛が立つ

ヤマウルシ
Toxicodendron trichocarpum

ウルシ科 ウルシ属

`低木` `互生` `太` `裸芽` `5-15個`

[冬芽] 頂芽は大きく、水滴形〜円錐形。**裸芽で赤茶色の毛が密生する**。側芽は卵形で小さい。[葉痕] 大きな**ハート形〜三角形**、やや隆起する。維管束痕1個の形は丸、三角、線形など多様で、**5〜15個がV字形に並ぶ**。[枝] **枝先に短毛がある**。切り口から乳液が出て、肌につくとかぶれる。[分] 北〜九。丘陵〜山地。

頂芽
枝先に毛が密生する
皮目
側芽は小さい
葉痕。維管束痕は1個1個が大きい

ツタウルシ
T. orientale

ウルシ科 ウルシ属

`つる` `互生` `中` `裸芽` `5-15個`

[冬芽] 褐色の毛に覆われた**裸芽**で、ほぼ円錐形。頂芽は長くて尖り、側芽は丸く小さめ。[葉痕] ハート形〜腎形。維管束痕は通常7個で、不明瞭なこともある。[枝] **つる性**で、**気根を出してよじ登る**。切り口から乳液が出て、肌につくとかぶれる。[分] 北〜九。丘陵〜山地の林内。

枝先は有毛
頂芽
枝の途中に長い気根が出る
側芽
葉痕

イロハモミジ カエデ科カエデ属
Acer palmatum 別名タカオカエデ

`高木` `対生` `細` `鱗芽(6-8)` `3個`

[冬芽]水滴形で**赤く**、ツヤがある。枝先に通常、**仮頂芽が2個**並ぶ。見える**芽鱗は3枚**。冬芽の基部に**膜質鱗片**がわずかにあり、縁に毛が並ぶ。[葉痕]**三日月形**。[枝]**細い**。無毛で皮目もない。日なた側は赤く、反対側は緑色。[分]本～九。丘陵～山地の多少湿った場所。庭木、公園樹。園芸品種が多い。

画像説明:
- 仮頂芽は側芽と同大同形
- 側芽
- 膜質鱗片はベージュ色で細く、縁に毛がある
- 400%
- 葉痕が細いのはカエデ科によく見られる特徴
- 短めの枝
- 120%
- 枝の日陰側は緑色
- 120%

オオモミジ カエデ科カエデ属
A. amoenum

`高木` `対生` `細` `鱗芽(6-8)` `3個`

[冬芽]水滴形で**赤く**、ツヤがある。枝先に通常、**仮頂芽が2個**並ぶ。見える**芽鱗は2枚**。イロハモミジに似るが、冬芽基部の**膜質鱗片**は**大きく**、枝もやや太い。[葉痕]**三日月形**。[枝]**細い**。[分]北～九。山地の多少湿った場所。庭木、公園樹。[メモ]日本海側に分布するものはヤマモミジと呼ばれ、冬芽は同じ。

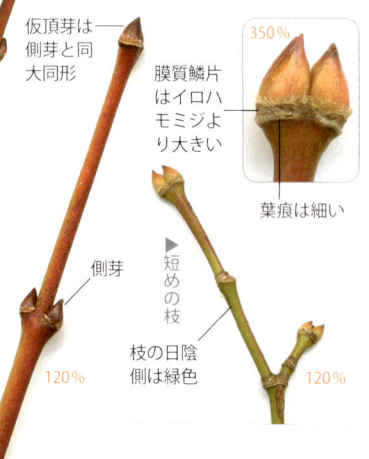

画像説明:
- 仮頂芽は側芽と同大同形
- 膜質鱗片はイロハモミジより大きい
- 350%
- 葉痕は細い
- 側芽
- 短めの枝
- 120%
- 枝の日陰側は緑色
- 120%

コハウチワカエデ カエデ科カエデ属
A. sieboldianum

`高木` `対生` `細` `鱗芽(8)` `3個`

[冬芽]**短い円錐形**。枝先に通常、**仮頂芽が2個**並ぶ。見える**芽鱗は2～3枚**。オオモミジに似るが、**冬芽は寸詰まり**。[葉痕]**三日月形**。維管束痕は3個(不明瞭)。[枝]**細い**。**枝先に白毛がある**(無毛のタイプもある)。[分]北～九。山地。[類]同属のオオイタヤメイゲツは本種に似るが、枝は無毛。

画像説明:
- 仮頂芽
- 冬芽は膜質鱗片にほぼ半分埋まる
- 400%
- 枝先はふつう有毛
- 葉痕は細い
- 120%
- 芽鱗痕
- 短めの枝
- 120%

ハウチワカエデ カエデ科 カエデ属
A. japonicum

`高木` `対生` `中` `鱗芽(8)` `3個`

- ふつう仮頂芽が2個ある
- 膜質鱗片が覆う割合はコハウチワカエデより小さめ 250%
- 葉痕は細い
- 頂芽が1個の場合もある
- ▶短めの枝 120% / 120%

`冬芽` 水滴形。枝先に通常、仮頂芽が2個並ぶ。見える芽鱗は3～4枚。オオモミジに似るが冬芽は大きく、枝も太め。`葉痕` 三日月形（膜質鱗片に覆われ不明瞭）。維管束痕は3個（不明瞭）。`枝` コハウチワカエデより太く、無毛でツヤがある。日なた側は赤く、日陰側は緑色。`分` 北～本。山地の谷間や斜面。

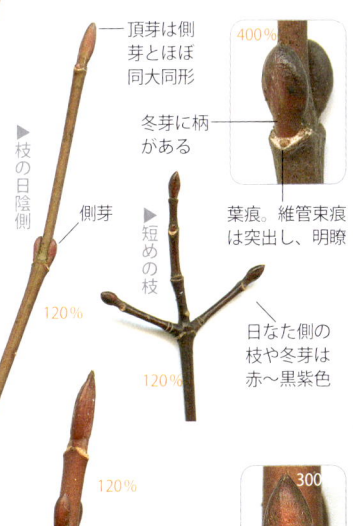

ウリカエデ カエデ科 カエデ属
A. crataegifolium

`小高木` `対生` `細` `鱗芽(4)` `3個`

- 頂芽は側芽とほぼ同大同形 400%
- 冬芽に柄がある
- ▶枝の日陰側
- 側芽
- 葉痕。維管束痕は突出し、明瞭
- ▶短めの枝 120%
- 日なた側の枝や冬芽は赤～黒紫色 120%

`冬芽` 水滴形で柄がある。枝先に頂芽が1個つく。見える芽鱗は2枚。`葉痕` 細く、V～U字形。`枝` ごく細い。無毛でツヤがある。日なた側は色が濃く、日陰側は緑色。`幹` 緑色で黒い縦しまがあり、ウリの模様に似る。`分` 本～九。丘陵～山地。`類` 同属のコミネカエデの冬芽は、本種と区別困難。

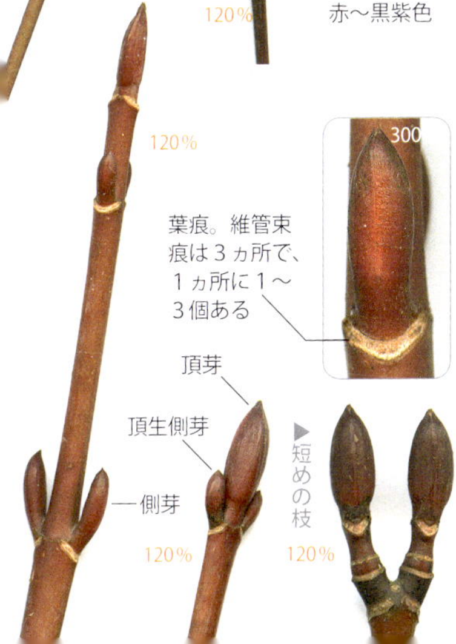

ウリハダカエデ カエデ科 カエデ属
A. rufinerve

`高木` `対生` `中` `鱗芽(4)` `3ヵ所`

- 120%
- 葉痕。維管束痕は3ヵ所で、1ヵ所に1～3個ある 300
- 頂芽
- 頂生側芽
- 側芽
- ▶短めの枝 120% / 120%

`冬芽` 水滴形で柄がある。枝先に頂芽が1個つき、ふつう頂生側芽を伴う。見える芽鱗は2枚。ウリカエデに似るが冬芽は大きい。`葉痕` V～U字形。維管束痕は3ヵ所。`枝` 中細。無毛でツヤがある。日なた側ほど赤色が濃い。`幹` 緑色で黒い縦しまがあり、菱形に裂ける皮目が独特。`分` 本～九。丘陵～山地。

イタヤカエデ
カエデ科 カエデ属
Acer pictum

高木 **対生** **中** **鱗芽（多数）** **3個**

[冬芽] 卵形で先はやや尖る。枝先に頂芽1個がつき、頂生側芽を伴う。正面から見える芽鱗は4～6枚。[葉痕] V字形。[枝] ふつう赤く、無毛でツヤがある。[分] 北～九。丘陵～山地。[メモ] 変異が多く、エンコウカエデ、オニイタヤなどの亜種に区分される。

トウカエデ
カエデ科 カエデ属
A. buergerianum

高木 **対生** **細** **鱗芽（多数）** **3個**

[冬芽] 水滴形。枝先に頂芽が1個つき、頂生側芽を伴う。正面から見える芽鱗は7枚程度。芽鱗の縁には短毛がある。[葉痕] V字形～倒松形。維管束痕は3個。[枝] 細い。枝先に短毛がある。短枝が出る。[幹] 短冊状に荒々しくはがれる。[分] 中国原産。街路樹として多く植栽。

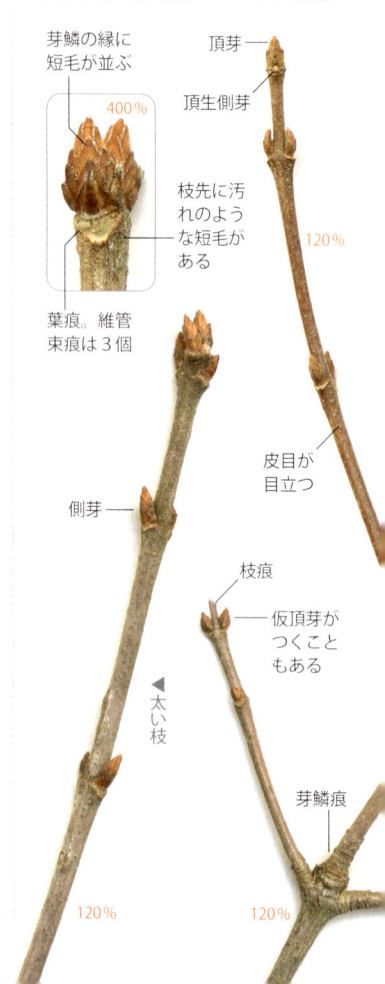

芽鱗は赤くツヤがある

内側の芽鱗が顔を出し、毛が見える

▶亜種エンコウカエデの枝◀

頂生側芽

葉痕。維管束痕は3個

350%

120%

枝は赤くなる

120%

芽鱗痕

亜種オニイタヤの枝▼▶

頂生側芽

頂芽

枝は赤くならない

120% 120%

芽鱗の縁に短毛が並ぶ

400%

頂芽

頂生側芽

枝先に汚れのような短毛がある

葉痕。維管束痕は3個

120%

側芽

皮目が目立つ

枝痕

仮頂芽がつくこともある

◀太い枝

芽鱗痕

120% 120%

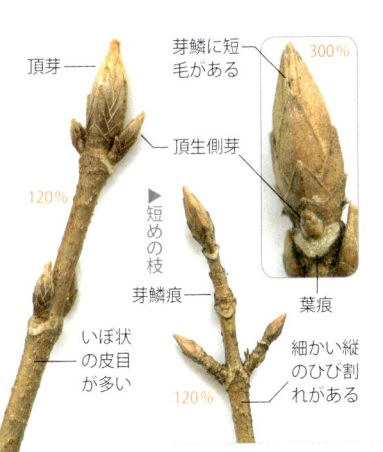

カジカエデ
カエデ科カエデ属
A. diabolicum 別名オニモミジ

高木 対生 中 鱗芽(多数) 3個

[冬芽] 水滴形で、頂芽1個に頂生側芽2個が並ぶ。芽鱗は多数が4列に並び、縁に短毛がある。[葉痕] V字形〜倒松形で白っぽい。維管束痕は3個、明瞭。[枝] 中細。茶色で無毛。小さな皮目がたくさんある。2年枝は縦に細かいひび割れがある。[分] 本〜九。山地の谷間や傾斜地。

頂芽

芽鱗に短毛がある

300%

頂生側芽

120%

短めの枝

芽鱗痕

葉痕

いぼ状の皮目が多い

細かい縦のひび割れがある

120%

チドリノキ
カエデ科カエデ属
A. carpinifolium 別名ヤマシバカエデ

小高木 対生 中 鱗芽(多数) 3個

[冬芽] 水滴形。枝先に仮頂芽が2個つくが、頂芽1個のこともあり、その場合はふつう頂生側芽を伴う。正面から見える芽鱗は7枚程度。[葉痕] V字形。葉痕と冬芽の境に毛がある。[枝] ややツヤがあり、無毛。枯葉(切れ込みがなくサワシバに似る)が枝に残ることがある。[分] 本〜九。山地の渓流沿い。

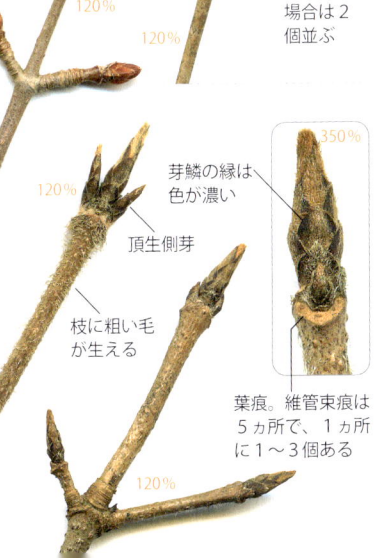

芽鱗は無毛、ツヤがある

頂芽

350%

頂生側芽

冬芽の基部に毛がある

葉痕。維管束痕は3個

芽鱗痕

仮頂芽の場合は2個並ぶ

120% 120%

メグスリノキ
カエデ科カエデ属
A. maximowiczianum 別名チョウジャノキ

高木 対生 中 鱗芽(多数) 5ヵ所

[冬芽] 細長い水滴形。枝先に頂芽が1個つき、ふつう頂生側芽を伴う。芽鱗は多数あり、軟毛が密生する。[葉痕] V字形。維管束痕は5ヵ所。[枝] 灰色の粗い毛が生える。褐色でツヤはない。[分] 本〜九。山地の谷間や斜面など。[類] 同属のミツデカエデも芽鱗、枝に毛があるが、芽鱗は赤く、2〜4枚と少ない。

120%

芽鱗の縁は色が濃い

350%

頂生側芽

枝に粗い毛が生える

葉痕。維管束痕は5ヵ所で、1ヵ所に1〜3個ある

120%

ムクロジ

ムクロジ科 ムクロジ属
Sapindus mukorossi

`高木` `互生` `太` `鱗芽(4)` `3ヵ所`

[冬芽] 半球形～短い円錐形で、葉痕に比べて小さい。芽鱗は3枚ほど見える。通常、予備芽がつく。
[葉痕] **ハート形で大きい。笑った顔やサルの顔**に見える。 [枝] **太い。稜があり、皮目が多い**。径2～3cmの果実が時に残っている。 [分] 本～沖。丘陵。社寺や農家に植栽。

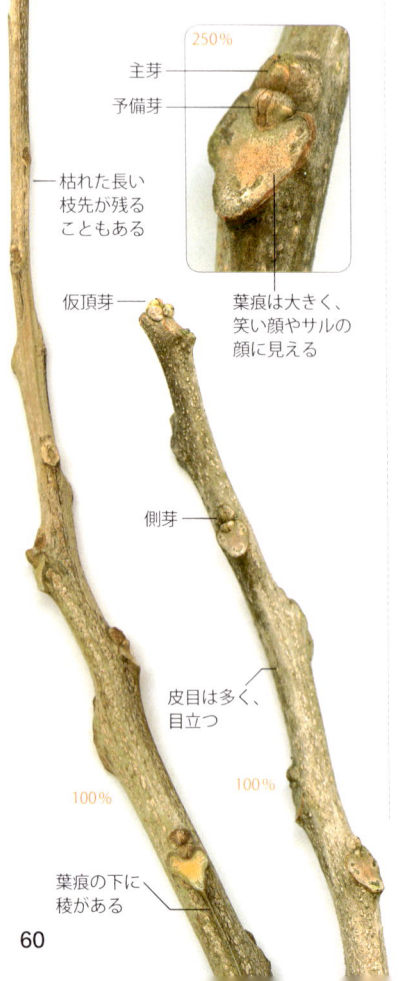

- 主芽
- 予備芽
- 枯れた長い枝先が残ることもある
- 仮頂芽
- 葉痕は大きく、笑い顔やサルの顔に見える
- 側芽
- 皮目は多く、目立つ
- 葉痕の下に稜がある

トチノキ

トチノキ科 トチノキ属
Aesculus turbinata

`高木` `対生` `極` `鱗芽(8-14)` `5-9個`

[冬芽] **頂芽は大きく、銃弾のよう**。正面から見える芽鱗は7枚ほど。**水あめ状の樹脂**を分泌し、べとつく。側芽は小さく、ほとんど発達しない。 [葉痕] **ハート形～腎形で大きい**。維管束痕は5～9個。 [枝] **極太**。無毛。 [分] 北～九。山地の沢筋。公園樹、街路樹。

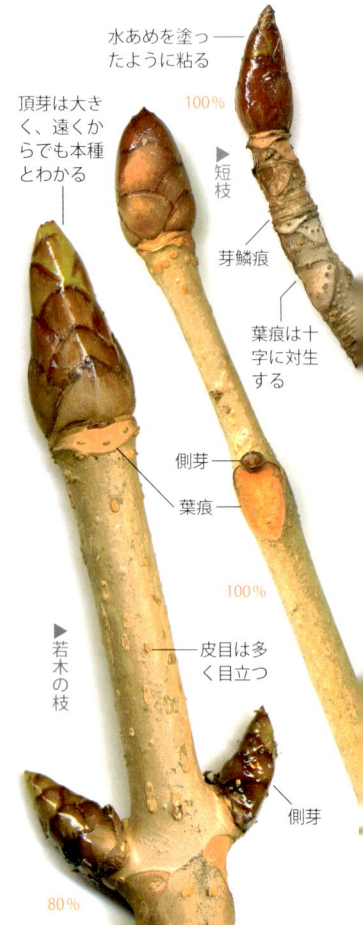

- 水あめを塗ったように粘る
- 頂芽は大きく、遠くからでも本種とわかる
- ▶短枝
- 芽鱗痕
- 葉痕は十字に対生する
- 側芽
- 葉痕
- ▶若木の枝
- 皮目は多く目立つ
- 側芽

アワブキ
Meliosma myriantha

アワブキ科 アワブキ属

`高木` `互生` `中` `裸芽` `7-8個`

300%

頂芽。手袋で何かをつかもうとしているよう

120%

側芽はバニーガールに見えることも

皮目は多い

葉痕

[冬芽] **裸芽**で褐色の毛に覆われる。頂芽は**手袋のような形で、4〜6本の「指」がある**。側芽は2本ほどで小さい。[葉痕] 半円形〜円形。維管束痕は**7〜8個**がU字形に並ぶ。[枝] 灰色がかった褐色でツヤがなく、くすんだ感じ。[分] 本〜九。丘陵〜山地の林内。[類] 同属のミヤマハハソは、頂芽の「指」が3本程度。

アオハダ
Ilex macropoda

モチノキ科 モチノキ属

`高木` `互生` `中` `鱗芽(6-8)` `1個`

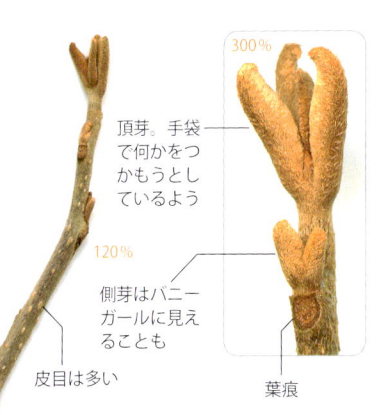

長枝の冬芽や葉痕の形も、短枝と同じ

長枝▶

300%

120%

発達した短枝が特徴

短枝に古い葉痕が連なる。維管束痕はニコちゃんマークの口形

◀短枝

120%

[冬芽] 短い円錐形、**淡い褐色**で無毛。正面から見える芽鱗は3〜4枚。[葉痕] 半円形。維管束痕は**弧状**。[枝] **短枝がよく発達**する。短枝は黒っぽい。長枝は冬芽と同じような色。赤い果実が残ることも多い。[幹] 灰色で滑らか。爪でこすった程度で外皮がむけ、緑色の内皮が出る。[分] 北〜九。丘陵〜山地の林内。

ウメモドキ
I. serrata

モチノキ科 モチノキ属

`低木` `互生` `細` `鱗芽(4-8)` `1個`

冬芽は小さくて目立たない

300%

120%

葉痕。維管束痕はニコちゃんマークの口の形

果実▶

120%

側枝は短枝になることが多い

[冬芽] ごく小さい。正面から見える芽鱗は3〜4枚。[葉痕] 半円形。維管束痕は**1個、弧状**。[枝] 1年枝はごく細く、汚れのような微細な毛が生える。赤い果実が残ることも多い。[分] 本〜九。丘陵〜山地の林内。庭木。[メモ] 冬芽を観察するには小さすぎるので、枝の細さと毛、葉痕の形、維管束痕で見分ける。

ニシキギ
Euonymus alatus

ニシキギ科 ニシキギ属

`低木` `対生` `細` `鱗芽(6-10)` `1個`

[冬芽]水滴形。正面から見える芽鱗は6枚ほど、**緑色で褐色の縁取り**がある。側芽は頂芽よりやや小さい。[葉痕]ほぼ**半円形**。維管束痕は**弧状**。[枝]無毛で通常緑色。**コルク質で板状の翼が出る**。野生の個体は翼が低い。時に果実（橙色の種子が2個並ぶ）が残る。[分]北～九。丘陵～山地の林内や林縁。庭木。

図中ラベル: 頂芽／頂生側芽／枝は緑色／◀翼がない枝 ※翼がない個体はコマユミと呼ばれる／300%／葉痕。維管束痕は1個／翼。十字に出る／120%／120%

ツリバナ
E. oxyphyllus

ニシキギ科 ニシキギ属

`低木` `対生` `細` `鱗芽(6-10)` `1個`

[冬芽]**細長い**水滴形、**緑色～褐色**。正面から見える芽鱗は5枚ほど。側芽は頂芽よりやや小さい。[葉痕]**半円形**。幅は枝の約半分と小さめ。維管束痕はやや突出する。[枝]無毛、通常**緑色で断面は丸い**。**側枝はほぼ直角**に伸びる。果実（5裂し赤い種子が見える）が残ることも多い。[分]北～九。丘陵～山地の林内。

図中ラベル: 頂芽は槍の穂先のように尖る／◀太い枝／◀細い枝／枝は緑色。稜、皮目はない／400%／葉痕。維管束痕は1個／120%／120%

マユミ
E. sieboldianus

ニシキギ科 ニシキギ属

`小高木` `対生` `中` `鱗芽(8-12)` `1個`

[冬芽]水滴形で、**緑色～褐色**。正面からは7枚ほどの芽鱗が見える。側芽は頂芽よりやや小さい。[葉痕]**半円形**。維管束痕は**弧状**。[枝]無毛で通常**緑色**。**4稜**があり、枝の断面は4角形になる（稜が弱いと円形に近づく）。果実（4裂する）が残ることも多い。[分]北～九。丘陵～山地の林内や林縁。庭木。

図中ラベル: 頂芽／側芽／▶若木の枝／枝は緑色。4稜がある／日なた側は赤みを帯びる／葉痕／120%／120%／300%

62

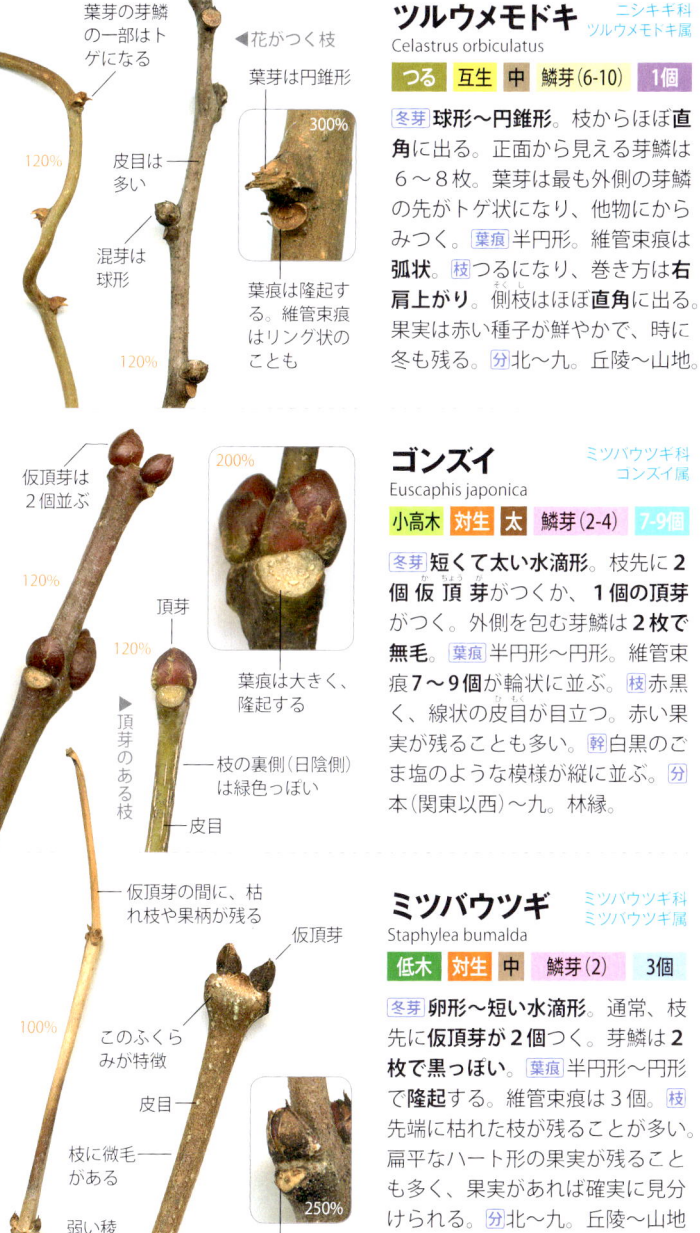

ツルウメモドキ
ニシキギ科 ツルウメモドキ属
Celastrus orbiculatus

`つる` `互生` `中` `鱗芽(6-10)` `1個`

葉芽の芽鱗の一部はトゲになる
◀花がつく枝
葉芽は円錐形
皮目は多い
混芽は球形
葉痕は隆起する。維管束痕はリング状のことも

冬芽 球形〜円錐形。枝からほぼ**直角**に出る。正面から見える芽鱗は6〜8枚。葉芽は最も外側の芽鱗の先がトゲ状になり、他物にからみつく。葉痕 半円形。維管束痕は**弧状**。枝 つるになり、巻き方は**右肩上がり**。側枝はほぼ**直角**に出る。果実は赤い種子が鮮やかで、時に冬も残る。分 北〜九。丘陵〜山地。

ゴンズイ
ミツバウツギ科 ゴンズイ属
Euscaphis japonica

`小高木` `対生` `太` `鱗芽(2-4)` `7-9個`

仮頂芽は2個並ぶ
頂芽
▶頂芽のある枝
葉痕は大きく、隆起する
枝の裏側(日陰側)は緑色っぽい
皮目

冬芽 **短くて太い水滴形**。枝先に2個**仮頂芽**がつくか、**1個の頂芽**がつく。外側を包む芽鱗は**2枚で無毛**。葉痕 半円形〜円形。維管束痕**7〜9個**が輪状に並ぶ。枝 赤黒く、線状の皮目が目立つ。赤い果実が残ることも多い。幹 白黒のごま塩のような模様が縦に並ぶ。分 本(関東以西)〜九。林縁。

ミツバウツギ
ミツバウツギ科 ミツバウツギ属
Staphylea bumalda

`低木` `対生` `中` `鱗芽(2)` `3個`

仮頂芽の間に、枯れ枝や果柄が残る
仮頂芽
このふくらみが特徴
皮目
枝に微毛がある
弱い稜がある
葉痕

冬芽 卵形〜短い水滴形。通常、枝先に**仮頂芽が2個**つく。芽鱗は**2枚で黒っぽい**。葉痕 半円形〜円形で**隆起する**。維管束痕は3個。枝 先端に枯れた枝が残ることが多い。扁平なハート形の果実が残ることも多く、果実があれば確実に見分けられる。分 北〜九。丘陵〜山地の日当たりのよい林縁や渓流沿い。

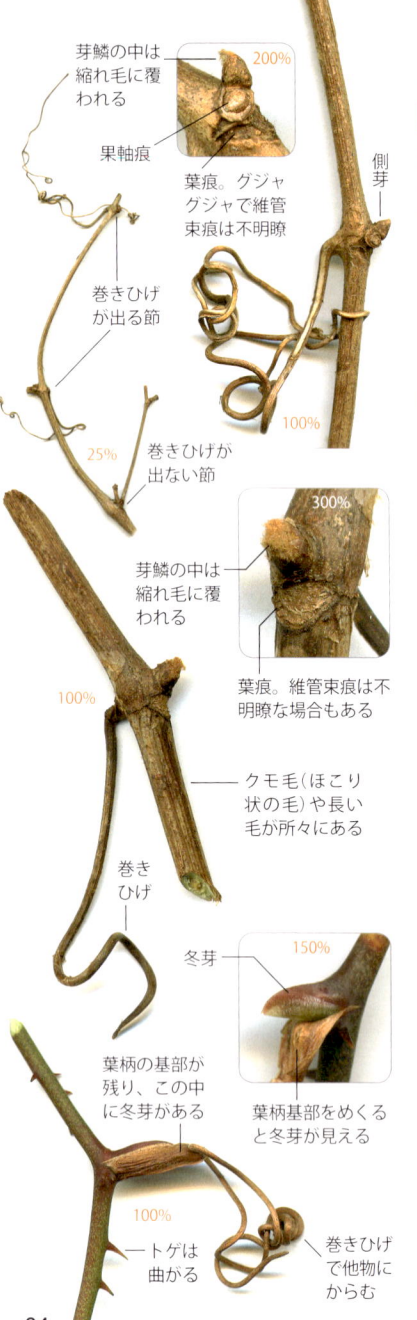

エビヅル

フドウ科 フドウ属

Vitis ficifolia

`つる` `互生` `中` `鱗芽(2)` `不明瞭`

[冬芽]円錐形。芽鱗は薄い膜質。芽鱗が破れると毛が密生して見える。[葉痕]円形〜半円形。[枝]縦筋があり、白っぽい毛が生える。**巻きひげは節ごとに、出ない・出る・出る、を繰り返す。**これを「ズン・チャッ・チャッのワルツ」と覚える。[分]北〜九。丘陵〜山地の林縁。[類]同属のサンカクヅルは枝は無毛。

（写真注記：芽鱗の中は縮れ毛に覆われる／200%／果軸痕／葉痕。グジャグジャで維管束痕は不明瞭／側芽／巻きひげが出る節／100%／25%／巻きひげが出ない節）

ヤマブドウ

フドウ科 フドウ属

V. coignetiae

`つる` `互生` `太` `鱗芽(2)` `多数`

[冬芽]卵形。芽鱗は**薄い膜質**、2枚。芽鱗が破れると褐色の**毛が密生**して見える。[葉痕]半円形。維管束痕は小さく多数。[枝]**太い**。縦筋があり、白っぽい毛が散生する。**巻きひげの出方はエビヅルと同じ。**[分]北〜四。山地の林縁や沢沿い。[類]別属のノブドウの冬芽は葉痕内に隠れ、巻きひげは各節から出る。

（写真注記：300%／芽鱗の中は縮れ毛に覆われる／葉痕。維管束痕は不明瞭な場合もある／100%／クモ毛（ほこり状の毛）や長い毛が所々にある／巻きひげ）

サルトリイバラ

ユリ科 シオデ属

Smilax china

`つる` `互生` `中` `鱗芽(1)` `見えない`

[冬芽]長い円錐形で半透明の芽鱗1枚に包まれるが、**葉柄基部の中に半分隠れる**。[葉痕]葉柄の基部が残っているため見えない。[枝]**曲がったトゲが生える。**葉柄基部から托葉起源の**巻きひげが2本出る**。[分]本〜沖。丘陵〜山地の林縁など。[類]同属のヤマカシュウは冬芽の隠れ方が小さく、トゲは直線で細い。

（写真注記：150%／冬芽／葉柄の基部が残り、この中に冬芽がある／葉柄基部をめくると冬芽が見える／100%／トゲは曲がる／巻きひげで他物にからむ）

ケンポナシ
クロウメモドキ科 ケンポナシ属
Hovenia dulcis

`高木` `互生` `中` `鱗芽(3)` `3個`

`冬芽`卵形〜球形。芽鱗に**褐色の毛が密生**する。芽鱗は2〜3枚見える。`葉痕`V字形〜三角形。維管束痕は**3個**。冬芽のつかない葉痕が**1個おきにある**。`枝`黒っぽく、ツヤがある。**皮目が多い**。時に落枝痕(果軸痕)が冬芽の上につく。`幹`縦に裂け、**短冊状にはがれる**。`分`本〜九。丘陵〜山地の林内。

（写真説明）
- 仮頂芽。芽鱗が取れて長毛が見えることもある
- 皮目は目立つ
- 葉痕は片側に2個ずつつき(コクサギ型葉序)、冬芽は1個おきにつく
- 葉痕。目がつり上がった独特の顔に見える

シナノキ
シナノキ科 シナノキ属
Tilia japonica

`高木` `互生` `中` `鱗芽(2)` `3個`

`冬芽`ややいびつな卵形。芽鱗は**2枚で無毛**。`葉痕`半円形〜楕円形で隆起する。`枝`縦長の皮目が目立つ。赤茶色。果序は時に冬も残り、舟のような形の総苞片にぶら下がり、回転しながら落ちる。`分`北〜九。山地の尾根から渓流沿い。`類`同属のオオバボダイジュは、枝に長い星状毛が生え、汚れて見える。

（写真説明）
- 芽鱗2枚のうち1枚は小さい
- 下部の側芽ほど小さい
- 葉痕。維管束痕は3個
- 冬芽はややいびつで、左右非対称

ムクゲ
アオイ科 フヨウ属
Hibiscus syriacus

`低木` `互生` `中` `裸芽` `3-6個`

`冬芽`裸芽で**星状毛が密生**する。頂芽は、果柄痕や葉痕が短枝状に重なった上につき、**こぶ状に盛り上がる**。`葉痕`半円形。葉痕の両側に丸い**托葉痕**がある。`枝`枝先に星状毛がある。`分`中国原産とされる。公園樹、庭木。`類`同属のフヨウは維管束痕が多数あり、枝に星状毛と腺毛が生え、果実が大きい。

（写真説明）
- 頂芽
- 托葉痕
- 果柄痕
- 葉痕。維管束痕は輪状に並ぶ
- 側芽
- 残った果実

アオギリ
Firmiana simplex

アオギリ科 アオギリ属

`高木` `互生` `極` `鱗芽(多数)` `多数`

[冬芽]頂芽は半球形で大きく、側芽は球形で小さい。芽鱗は多数あり、**茶色の短毛に覆われる**。[葉痕]円形〜楕円形で大きく、**暗い紫色**。葉痕の両側に**托葉痕**がある。[枝]**極太**。緑色で無毛。[幹]緑色で平滑。太くなるにつれて灰色に変わる。[分]中国原産。公園樹、街路樹。

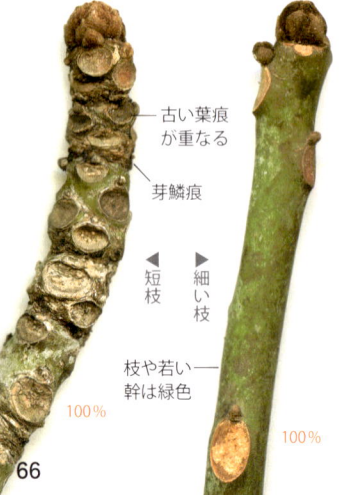

頂芽。芽鱗の毛はビロード状

側芽

托葉痕

葉痕。維管束痕は1個1個が小さい

100%

古い葉痕が重なる

芽鱗痕

◀ 短枝　▶ 細い枝

枝や若い幹は緑色

100%　100%

ミツマタ
Edgeworthia chrysantha

ジンチョウゲ科 ミツマタ属

`低木` `互生` `中` `裸芽` `1個`

[冬芽]裸芽で、光沢のある白い毛（絹毛）に覆われる。**花芽は多数が集まって蜂の巣に似た形になり、よく目立つ**。葉芽は円錐形。側芽は小さい。[葉痕]半円形で隆起する。[枝]枝先には絹毛が残る。**3つに枝分かれする**。[分]中国原産。庭木。かつて栽培された名残で野生化。

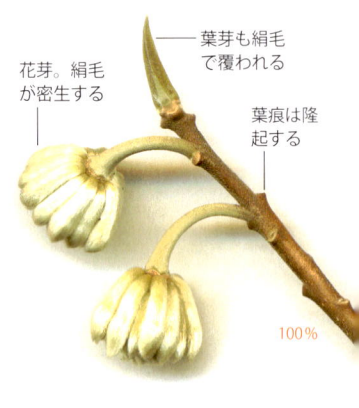

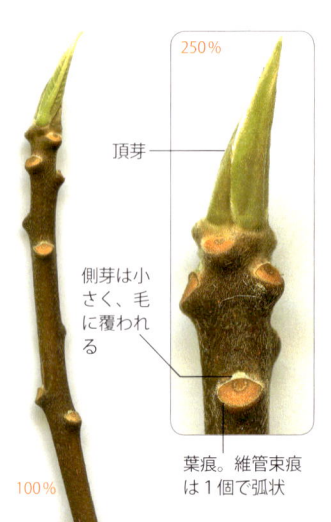

花芽。絹毛が密生する

葉芽も絹毛で覆われる

葉痕は隆起する

100%

250%

頂芽

側芽は小さく、毛に覆われる

葉痕。維管束痕は1個で弧状

100%　100%

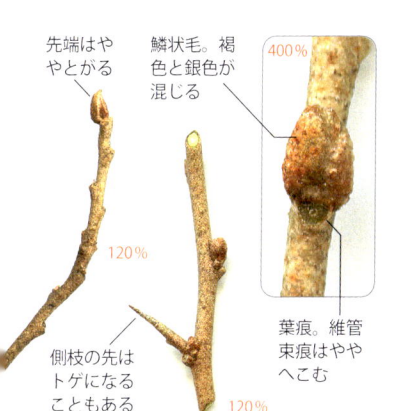

アキグミ
Elaeagnus umbellata

グミ科 グミ属

`低木` `互生` `細` `裸芽` `1個`

[冬芽]**裸芽**で、魚のうろこのような毛（**鱗状毛**）が**密生**する。鱗状毛の色は褐色か銀色。[葉痕]半円形で隆起する。[枝]1年枝は**銀色の鱗状毛が密生し、白っぽい**。[分]本〜九。川原、ヤブ、道端などの明るい場所。[類]同属のナツグミは、枝に褐色の鱗状毛が密生し、赤茶色に見える。

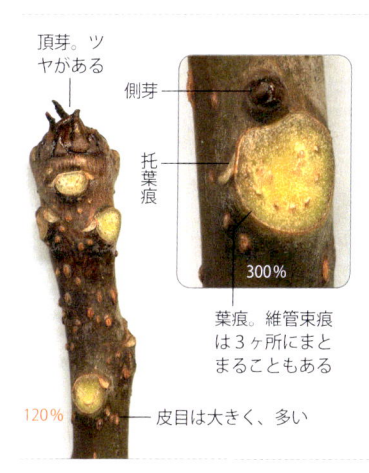

- 先端はややとがる
- 鱗状毛。褐色と銀色が混じる (400%)
- 側枝の先はトゲになることもある (120%)
- 葉痕。維管束痕はややへこむ (120%)

イイギリ
Idesia polycarpa

イイギリ科 イイギリ属

`高木` `互生` `太` `鱗芽(7-10)` `多数`

[冬芽]頂芽は**半球形**で大きい。芽鱗は**細長い三角形で横に並び**、やや粘る。**側芽は小さい**。[葉痕]円形〜半円形で**大きい**。[枝]**太く無毛**。輪生状に枝分かれする部分がある。初冬に赤い果実が房状にぶら下がる。[幹]白っぽく平滑で皮目が多い。[分]本〜沖。丘陵〜山地のやや湿った所。公園樹。

- 頂芽。ツヤがある
- 側芽
- 托葉痕
- 葉痕。維管束痕は3ヶ所にまとまることもある (300%)
- 皮目は大きく、多い (120%)

キブシ
Stachyurus praecox

キブシ科 キブシ属

`低木` `互生` `中` `鱗芽(2-4)` `3個`

[冬芽]卵形〜短い水滴形。**花芽は穂になってたくさんつく**。見える芽鱗は2〜3枚で、無毛。[葉痕]半円形〜V字形で隆起する。[枝]無毛でややツヤがある。葉痕の両側から稜が出る。[分]北〜九。丘陵〜山地の雑木林や林縁。[メモ]花芽がない幼木の冬芽はハナイカダに似るが、ハナイカダは維管束痕が1個。

- 花芽は斜上し、咲く頃には垂れる
- (300%)
- 葉痕。上部は下側にへこむ
- 枝に稜があり、ややねじれる (120%)

サルスベリ ミソハギ科サルスベリ属
Lagerstroemia indica 別名ヒャクジツコウ

`小高木` `対生` `細` `鱗芽(2-4)` `1個`

[冬芽]水滴形で小さい。芽鱗は2〜4枚。**対生だが、ずれて互生**になる所もある。[葉痕]半円形で隆起する。[枝]樹皮が**リボン状にはがれる**。狭い翼がある。花が咲いた枝には果柄が残る。[幹]樹皮がはがれて**すべすべになる**。[分]中国原産。公園樹、庭木。

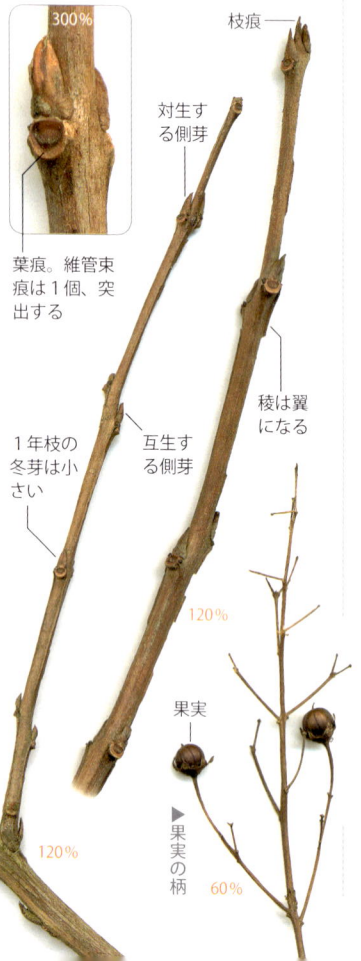

ウリノキ ウリノキ科 ウリノキ属
Alangium platanifolium

`低木` `互生` `中` `鱗芽(2)` `7個`

[冬芽]卵形。芽鱗は2枚あるが**茶色の長い毛に覆われ、裸芽のように見える**。予備芽がある。落葉するまでは、冬芽は葉柄の中にある（**葉柄内芽**）。[葉痕]**O字形で冬芽を取り囲む**。[枝]中細。褐色でツヤはない。微細な毛がある。[分]北〜九。丘陵〜山地の湿った林地。

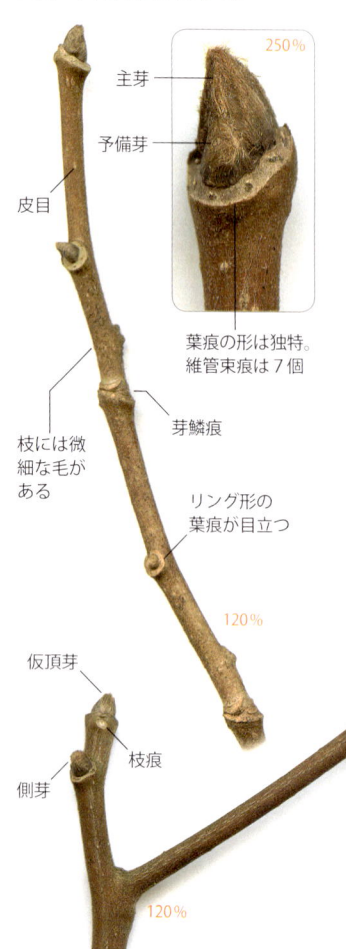

左図：
- 300%：葉痕。維管束痕は1個、突出する／対生する側芽／枝痕
- 1年枝の冬芽は小さい／互生する側芽／稜は翼になる
- 果実／▶果実の柄 60%
- 120%

右図：
- 250%：主芽／予備芽／皮目／葉痕の形は独特。維管束痕は7個／芽鱗痕／枝には微細な毛がある／リング形の葉痕が目立つ
- 120%：仮頂芽／枝痕／側芽
- 120%

ミズキ

Swida controversa

ミズキ科 ミズキ属

`高木` `互生` `中` `鱗芽(5-8)` `3個`

[冬芽]長い卵形〜水滴形。正面から見える芽鱗は**5〜6枚**。**赤くてツヤがあり、鮮やか**。**側芽はごく小さい**。[葉痕]半円形〜V字形で**隆起する**。[枝]**赤く無毛で、ツヤがある**。幹から出る枝は放射状に広がり、横枝は鹿の角状に分岐する。[分]北〜九。丘陵〜山地の林内。

300%

葉痕は小さい。維管束痕はわかりにくい

芽吹き始めた頂芽

▶発達した短枝

芽鱗は無毛

芽鱗痕

120%

枝は頂生側芽から伸びる

120%

クマノミズキ

Cornus macrophylla

ミズキ科 サンシュユ属

`高木` `対生` `中` `裸芽` `3個`

[冬芽]裸芽で、黒っぽい**短毛が密生**する。頂芽は**筆ペンの先に似ている**。[葉痕]半円形〜三日月形で**隆起する**。[枝]若い枝には稜があり、微細な毛が生える。[分]本〜九。丘陵〜山地の林内。[類]同属のサンシュユは2枚の芽鱗をもち、球形の花芽があり、樹皮ははがれる。

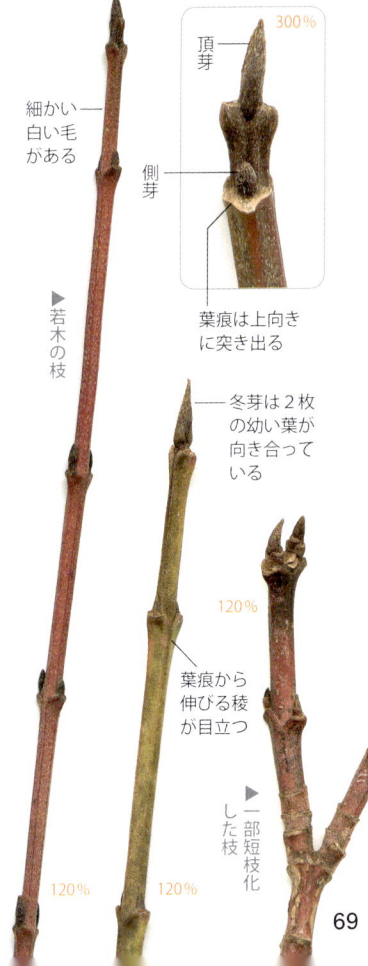

300%

頂芽

側芽

細かい白い毛がある

葉痕は上向きに突き出る

▶若木の枝

冬芽は2枚の幼い葉が向き合っている

120%

葉痕から伸びる稜が目立つ

120%

120%

▶一部短枝化した枝

69

ヤマボウシ

ミズキ科 ヤマボウシ属

Benthamidia japonica

`高木` `対生` `細` `鱗芽(2)` `3個`

[冬芽] 2枚の芽鱗が向き合い、**短毛に覆われる**。葉芽は円錐形で、**花芽は水滴形でふくらみが大きい**。
[葉痕] V字形～三日月形でやや隆起する。[枝] **短枝が発達する**。短枝の下から、鹿の角状に長枝が伸びることが多い。[幹] **まだら模様になる**。
[分] 本～九。山地の林内。公園樹。

花芽(混芽)。芽鱗の合わせ目が見える

300%

葉芽。毛が多く、裸芽に見える

300%

葉痕。葉柄の基部が残っている

▶発達した短枝

古い葉痕と芽鱗痕が連なる

120%

花芽(混芽)

短枝

120%

葉芽

長枝

鹿の角状に伸びた枝

▶1年枝

枝先が赤黒く色づく

120%

ハナミズキ

ミズキ科ヤマボウシ属

B. florida 別名アメリカヤマボウシ

`小高木` `対生` `細` `鱗芽(2-4)` `3個`

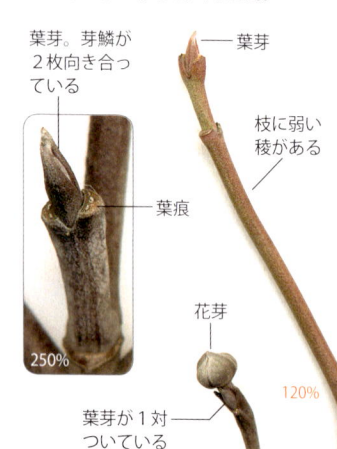

[冬芽] 葉芽は円錐形で、**短毛に覆われる**。花芽はたまねぎ形。[葉痕] 半円形～三日月形でやや隆起する。[枝] 微毛があり、**ツヤはない**。対生した枝の交差点に、短枝がつくことが多い。[幹] 樹皮は細かく網目状にひび割れ、**カキノキに似る**。[分] 北米原産。公園樹、街路樹。

葉芽。芽鱗が2枚向き合っている

250%

葉痕

葉芽

枝に弱い稜がある

花芽

120%

葉芽が1対ついている

花芽は大きく、短毛が密生する

250%

100%

短枝

ヤマボウシもこれに似た枝分かれをする

ハナイカダ

Helwingia japonica

ミズキ科 ハナイカダ属

`低木` `互生` `中` `鱗芽(2-4)` `1個`

[冬芽]卵形〜短い水滴形。見える芽鱗は**2〜3枚**。[葉痕]半円形で**隆起する**。[枝]**緑色〜紫がかった緑色**。葉痕の両側から稜が出る。枝先は曲げるとゴムのようにたわむ。無毛。[分]北〜九。丘陵〜山地の林内や湿った沢筋。[メモ]キブシの冬芽に似るが、維管束痕は1個。

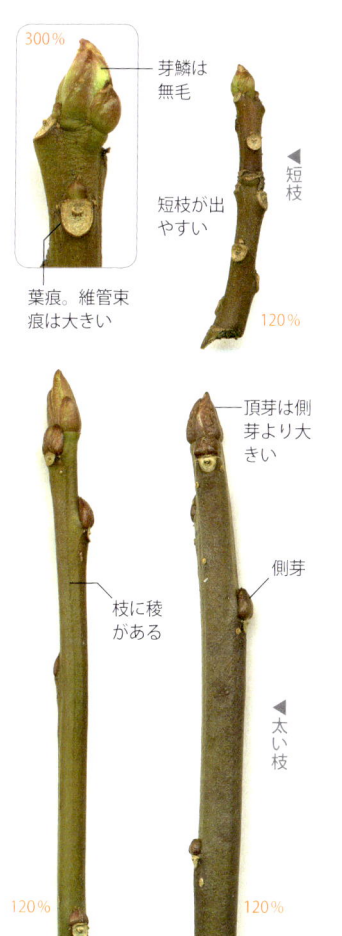

300%
芽鱗は無毛
◀短枝
短枝が出やすい
葉痕。維管束痕は大きい
120%

頂芽は側芽より大きい
側芽
枝に稜がある
◀太い枝
120%　120%

ヤマウコギ

Eleutherococcus spinosus

ウコギ科 ウコギ属

`低木` `互生` `中` `鱗芽(4-5)` `7個`

[冬芽]頂芽は卵形で、無毛。**4〜5枚の芽鱗**に覆われる。[葉痕]三日月形。維管束痕は数えにくいことがある。[枝]**短枝が発達する**。葉痕の下から**鋭いトゲ**が出る。[分]本〜九。丘陵〜山地の林内や林縁。[メモ]変種のオカウコギは維管束痕が5個で、節間にもトゲが出やすい。

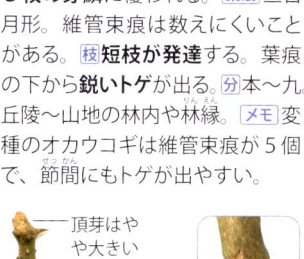

頂芽はやや大きい
側芽
250%
葉痕。両端の維管束痕は葉痕の隅にある
100%
トゲはほぼ直角に出る
トゲの下の台座は長い
短枝には1〜3個の冬芽がつく
短枝
120%　120%　120%

71

タカノツメ　ウコギ科タカノツメ属
Gamblea innovans　別名イモノキ

`小高木` `互生` `太` `鱗芽(5-8)` `5-9個`

[冬芽] 頂芽は卵形～円錐形で、無毛。正面から見える芽鱗は4～5枚。曲がった短枝と冬芽は鷹の爪に似ている。[葉痕] V字形。**葉痕は枝をほぼ半周する。**維管束痕はふつう**7個。**[枝] **太い。短枝が発達する。**枝は軟らかくてもろい。[分] 北～九。丘陵～山地の尾根や林内。

コシアブラ　ウコギ科コシアブラ属
Chengiopanax sciadophylloides

`高木` `互生` `極` `鱗芽(2-8)` `約13個`

[冬芽] 頂芽は円錐形で、無毛。正面から見える芽鱗は3枚程度。側ははちさい。[葉痕] V字形。**葉痕は枝をほぼ半周する。**維管束痕は**13個前後でタカノツメより多い。**[枝] **極太。**皮目は縦に長い。**短枝が発達する。**[幹] 灰色で滑らか。[分] 北～九。丘陵～山地の尾根や林内。

頂芽　300%

短枝には葉痕が重なる。維管束痕は7個が標準

短枝は曲がる　◀短枝

100%

髄は充実する

▶若木の1年枝

100%　100%

▶頂芽

皮目は大きめ

◀1年枝

300%

葉痕。維管束痕は13個程度

▶短枝

短枝は曲がる

枝の断面。髄ははしご状

頂芽は大きい

側芽

側芽

※タカノツメ、コシアブラとも側芽は少ない

100%　100%

タラノキ

Aralia elata

ウコギ科 タラノキ属

`小高木` `互生` `極` `鱗芽(3-4)` `多数`

[冬芽] 頂芽は**円錐形**で、無毛。正面から見える芽鱗は3枚程度。[葉痕] V字形〜U字形。**葉痕は枝をほぼ3/4周**する。[枝] **極太**。**トゲ**が目立つ。灰色の粗い毛がある。[分] 北〜九。丘陵〜山地の林縁、荒地などの明るい場所。畑に栽培。[類] メダラはトゲのない品種で栽培される。

◀ 細い枝
▶ 芽吹き
芽鱗
皮目は大きめ
頂芽は大きい
葉痕。維管束痕は30個以上
◀ 太い枝
葉痕の下にトゲが並ぶ
側芽は小さい

ハリギリ

Kalopanax septemlobus 別名センノキ

ウコギ科ハリギリ属

`高木` `互生` `極` `鱗芽(2-8)` `多数`

[冬芽] 頂芽は**半球形〜円錐形**で、無毛。芽鱗は赤黒くてツヤがある。正面から見える芽鱗は2枚。[葉痕] V字形。**葉痕は枝の半周以下**。[枝] **極太**。**トゲは太くて目立つ**が、時にトゲがほとんどない枝もある。無毛。[幹] 老木では縦に深い裂け目が入る。[分] 北〜九。丘陵〜山地。

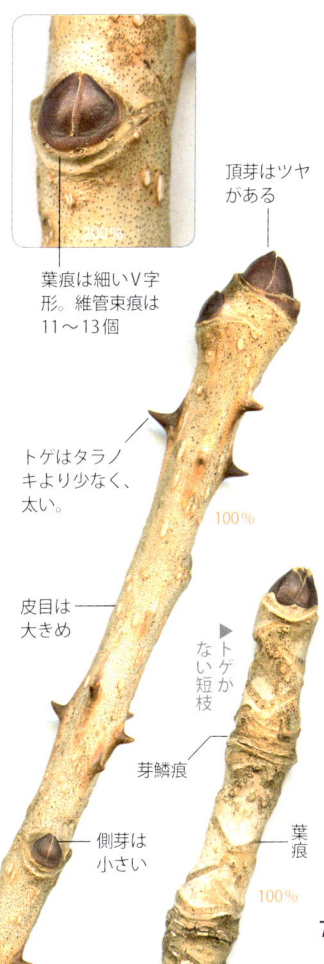

頂芽はツヤがある
葉痕は細いV字形。維管束痕は11〜13個
トゲはタラノキより少なく、太い。
皮目は大きめ
▶ トゲがない短枝
芽鱗痕
側芽は小さい
葉痕

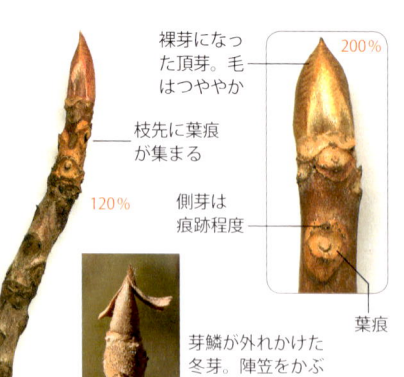

リョウブ
リョウブ科 リョウブ属
Clethra barbinervis

`小高木` `互生` `中` `鱗芽→裸芽` `1個`

裸芽になった頂芽。毛はつややか
200%
枝先に葉痕が集まる
120%
側芽は痕跡程度
芽鱗が外れかけた冬芽。陣笠をかぶっているよう
葉痕

[冬芽] 円錐形〜水滴形で、2枚の芽鱗は早くに落ちて裸芽になる。芽鱗が外れかけた冬芽も見られる。**側芽はごく小さい。** [葉痕] 三角形〜ハート形で、ツツジ科の葉痕に似る。維管束痕は突出する。[枝] 鹿の角のような枝ぶりになる。枝先に星状毛がある。[幹] 樹皮は**まだら模様**。[分] 北〜九。丘陵〜山地の尾根。

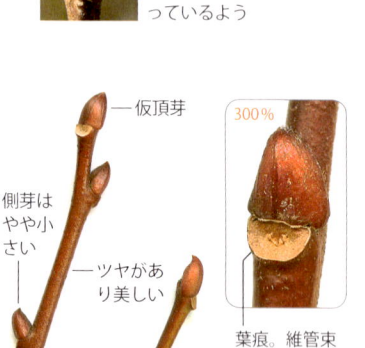

ネジキ
ツツジ科 ネジキ属
Lyonia ovalifolia

`低木` `互生` `中` `鱗芽(2)` `1個`

仮頂芽
300%
側芽はやや小さい
ツヤがあり美しい
葉痕。維管束痕は突出する
日陰側の枝は緑色を帯びる
120% **120%**

[冬芽] 水滴形で2枚の芽鱗に包まれる。**赤くツヤがあり、美しい。** [葉痕] 半円形。維管束痕は弧状。[枝] **赤くツヤがあり**、ほぼ無毛。[幹] 縦に裂け、らせん状にねじれる（ねじれない個体もある）。[分] 本〜九。丘陵〜山地の尾根。[メモ] コクサギ、ザイフリボクとともに、「三大美芽」と呼ぶ人もいる。

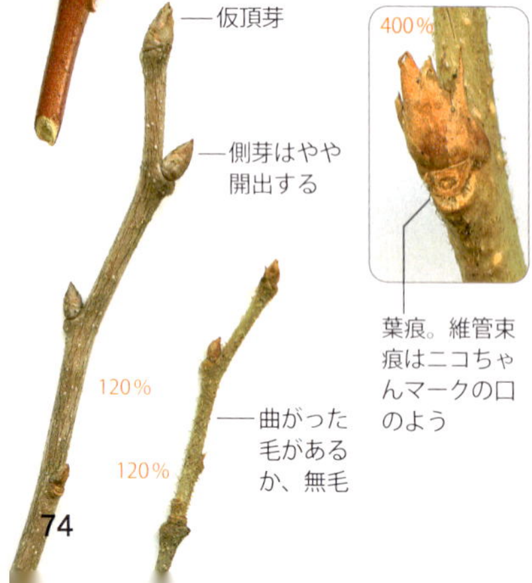

ナツハゼ
ツツジ科 スノキ属
Vaccinium oldhamii

`低木` `互生` `細` `鱗芽(6-8)` `1個`

仮頂芽
400%
側芽はやや開出する
葉痕。維管束痕はニコちゃんマークの口のよう
120% **120%**
曲がった毛があるか、無毛

[冬芽] 水滴形で、正面から見える芽鱗は5枚ほど。側芽は小さい。[葉痕] 半円形〜三角形で**隆起**する。維管束痕は弧状。[枝] 細い。灰色がかった褐色。**枝先に曲がった毛が生える**ことが特徴。ただし、無毛のこともある。[幹] 縦に細かく裂け、**ネジキに似る**。[分] 本〜九。丘陵〜山地の林地。

ヤマツツジ
Rhododendron kaempferi

ツツジ科 ツツジ属

`低木` `互生` `細` `鱗芽(多数)` `1個`

[冬芽] 頂芽は**越冬葉**（夏～秋に生えて冬を越す葉）**に包まれ、姿が見えない**。[葉痕] 半円形。維管束痕はやや突出する。[枝] 2～4本の枝が**輪生状**に出る。扁平な褐色の毛が生える。果実が残ることも多い。[分] 北～九。丘陵～山地の林縁や林内。[メモ] 頂芽周辺に冬も葉が残るので、半常緑樹と呼ばれる。

- 頂芽は見えにくいが水滴形
- 越冬葉は小さく、さじ形。両面に毛が密生
- 葉や枝に扁平な毛が生える
- 葉痕

120% / 120% / 300%

ミツバツツジ
R. dilatatum

ツツジ科 ツツジ属

`低木` `互生` `細` `鱗芽(多数)` `1個`

[冬芽] 頂芽は**水滴形**で、腺毛があって**粘る**。花芽は太く、葉芽は細い。芽鱗は**多数**。[葉痕] 半円形～三角形。維管束痕はやや突出する。[枝] 小枝は2～4本に分枝する。**短枝**が出る。無毛。[分] 主に本（関東以西）～九。丘陵～山地。庭木。[メモ] ミツバツツジの仲間は種類が多いが、芽鱗が粘るのが本種の特徴。

- 枯葉
- 葉芽
- 頂芽（花芽）は枝の2～3倍の太さ
- やや粘る
- 葉痕
- 長枝には稜がある

250% / 120%

ドウダンツツジ
Enkianthus perulatus

ツツジ科 ドウダンツツジ属

`低木` `互生` `細` `鱗芽(8-10)` `1個`

[冬芽] 頂芽は**水滴形**で、無毛。正面から見える芽鱗は6枚ほど。[葉痕] **三角形**。[枝] 2～4本の枝が**輪生状**に出る。短枝が出る。無毛。果実が残ることも多い。[分] 本（関東以西）～九。自生地は一部に限られる。庭木、公園樹。[メモ] 枝より太い頂芽、葉痕の形、維管束痕1個などは、ツツジ属と共通する特徴。

- 長枝には稜がある
- 短枝化しやすい
- 頂芽は枝の2倍程度の太さ
- 葉痕。側芽は発達しない

120% / 300%

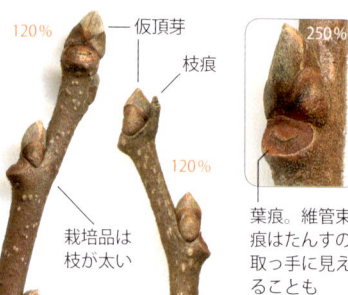

カキノキ
Diospyros kaki
カキノキ科 カキノキ属

| 高木 | 互生 | 中 | 鱗芽(4) | 1個 |

冬芽 おむすび形で**やや扁平**。見える芽鱗は2〜3枚で、**短毛が生える**。葉痕 半円形〜楕円形。維管束痕は**突出し、角ばる**。枝 仮頂芽の横に必ず**枝痕**がある。幹 **網目状に裂ける**。分 本〜九で栽培、野生化。

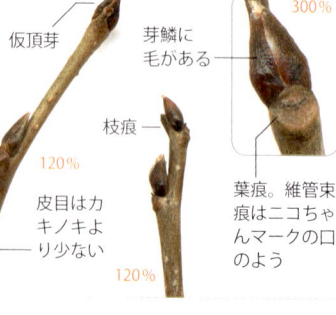

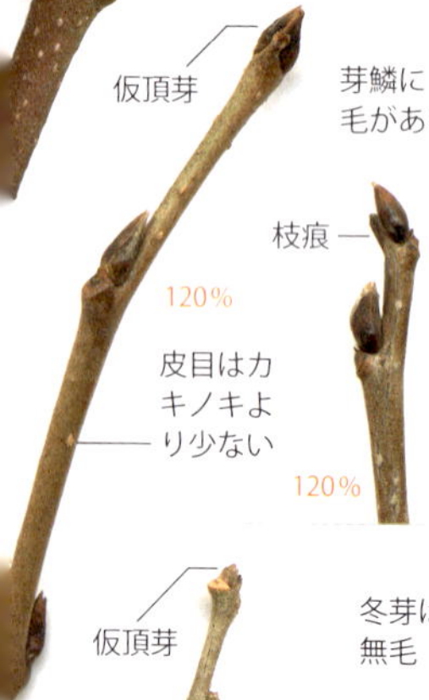

（写真ラベル）120% 仮頂芽／枝痕／120%／栽培品は枝が太い／250%／葉痕。維管束痕はたんすの取っ手に見えることも

マメガキ
D. lotus
カキノキ科 カキノキ属

| 高木 | 互生 | 中 | 鱗芽(2) | 1個 |

冬芽 水滴形で**やや扁平**。2枚の芽鱗に包まれる。葉痕 半円形〜楕円形。維管束痕は**弧状**。枝 仮頂芽の横に必ず**枝痕**がある。無毛。幹 カキノキに似るが、**縦に深く裂ける**。分 中国原産。栽培、野生化。

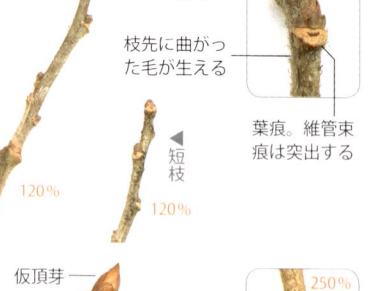

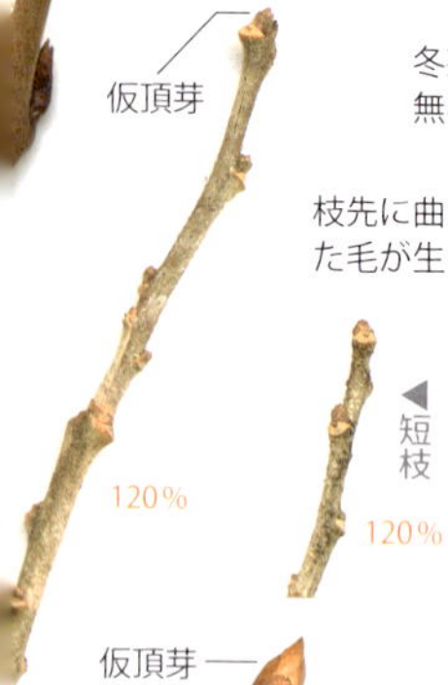

（写真ラベル）仮頂芽／芽鱗に毛がある／枝痕／120%／皮目はカキノキより少ない／120%／300%／葉痕。維管束痕はニコちゃんマークの口のよう

サワフタギ
Symplocos sawafutagi
ハイノキ科 ハイノキ属

| 低木 | 互生 | 細 | 鱗芽(6-10) | 1個 |

冬芽 円錐形で**小さい**。正面から見える芽鱗は3〜5枚。葉痕 半円形。維管束痕は1個で**弧状〜楕円形**。枝 細い。仮頂芽の周辺に**長くて曲がった毛**が生える。幹 細かく裂ける。分 北〜九。丘陵〜山地の林内。

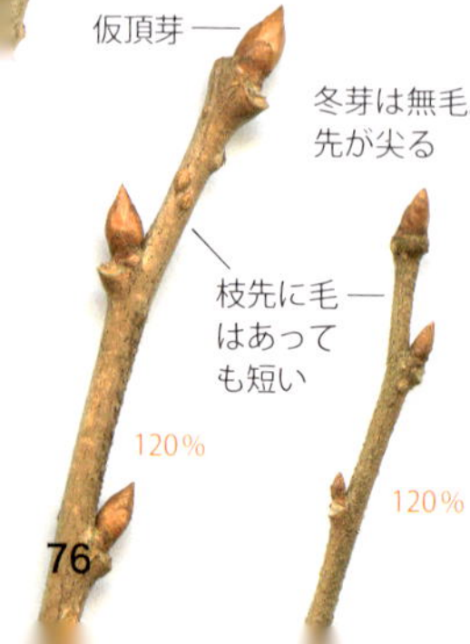

（写真ラベル）仮頂芽／冬芽は無毛／300%／枝先に曲がった毛が生える／葉痕。維管束痕は突出する／120%／120%／短枝

タンナサワフタギ
S. coreana
ハイノキ科 ハイノキ属

| 低木 | 互生 | 細 | 鱗芽(6-10) | 1個 |

冬芽 円錐形で**先はとがる**。正面から見える芽鱗は5〜8枚。葉痕 半円形。維管束痕は1個で**横長**。枝 細い。**ほぼ無毛**。幹 縦に細く裂け、成木では薄くはがれる。分 北〜九。山地の林内や林縁。

（写真ラベル）仮頂芽／冬芽は無毛。先が尖る／250%／枝先に毛はあっても短い／葉痕。維管束痕はサワフタギ同様に突出する／120%／120%

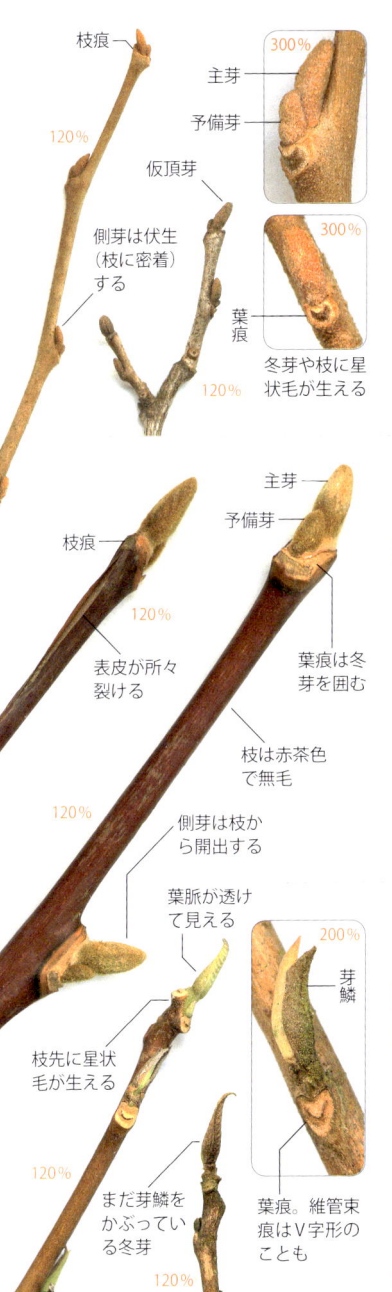

エゴノキ
Styrax japonica

エゴノキ科 エゴノキ属

`小高木` `互生` `細` `裸芽` `1個`

枝痕／主芽／予備芽／仮頂芽／側芽は伏生（枝に密着）する／葉痕／冬芽や枝に星状毛が生える

冬芽 長卵形で**裸芽**。主芽の下に**必ず予備芽を伴う**。冬芽には褐色の柔らかい**星状毛が密生**する。葉痕 半円形で**隆起**する。維管束痕は**弧状**。枝 細い。ややジグザグに曲がる。冬芽の周辺に星状毛がある。幹 黒っぽく、細かい**ちりめん状のシワ**がある。分 北〜九。丘陵〜山地の雑木林内。公園樹。

ハクウンボク
S. obassia

エゴノキ科 エゴノキ属

`小高木` `互生` `太` `裸芽` `1ヵ所`

枝痕／主芽／予備芽／表皮が所々裂ける／葉痕は冬芽を囲む／枝は赤茶色で無毛／側芽は枝から開出する

冬芽 長卵形で**裸芽**。主芽の下に**必ず予備芽を伴う**。冬芽に軟らかい毛が密生する。**エゴノキに似るが、倍程度の大きさ**。葉痕 U字形〜O字形で**冬芽を取り囲む**（葉柄内芽）。小さな維管束痕が**横に並ぶ**。枝 太い。表皮が縦に裂け、**短冊状にはがれる**。幹 黒っぽくてエゴノキに似る。分 北〜九。山地の雑木林内。

オオバアサガラ
Pterostyrax hispida

エゴノキ科 アサガラ属

`高木` `互生` `細` `鱗芽→裸芽` `1個`

葉脈が透けて見える／芽鱗／枝先に星状毛が生える／まだ芽鱗をかぶっている冬芽／葉痕。維管束痕はV字形のことも

冬芽 芽鱗はすぐに外れて**裸芽**になり、葉脈が見える。冬芽に**星状毛**が生える。葉痕 半円形〜ハート形。維管束痕は弧状。枝 枝先に**星状毛**があり、汚れのように見える。枝はもろく、折れやすい。ぼろひものような果実（果序）が冬もぶら下がる。幹 黒っぽく縦に裂ける。分 本〜九。山地の谷沿い。

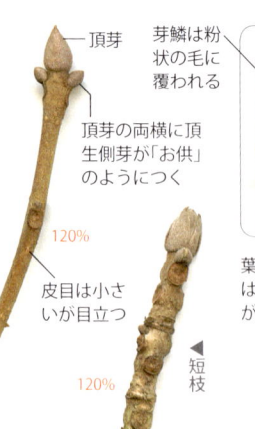

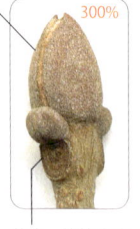

マルバアオダモ モクセイ科 トネリコ属
Fraxinus sieboldiana

[小高木] [対生] [中] [鱗芽(2-4)] [1ヵ所]

[冬芽]幅広の卵形で、先はやや尖る。**淡い青紫色で独特**。見える芽鱗は2枚。[葉痕]半円形。小さな**維管束痕がU字形**に並び、全体で1ヵ所ととらえる。[枝]灰色がかった褐色で無毛。[幹]灰色で滑らか。[分]北～九。丘陵～山地の林縁や尾根。[類]アオダモの冬芽もよく似ており、区別は難しい。

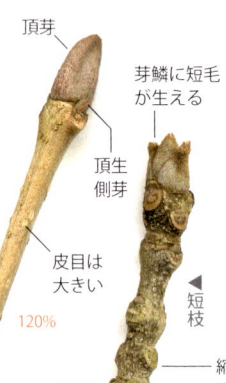

写真注記:
- 頂芽
- 芽鱗は粉状の毛に覆われる (300%)
- 頂芽の両横に頂生側芽が「お供」のようにつく
- 皮目は小さいが目立つ (120%)
- 葉痕。維管束痕は肉眼ではつながって見える
- 短枝 (120%)

ヤマトアオダモ モクセイ科 トネリコ属
F. longicuspis

[高木] [対生] [太] [鱗芽(2-4)] [多数]

[冬芽]頂芽は1個つき、円錐形。外側の**芽鱗2枚は開き気味**。芽鱗にふつう褐色の毛が生える。[葉痕]半円形～ハート形。小さな**維管束痕がリング状**に並ぶ。[枝]ベージュ色で無毛のことが多い。[幹]ベージュ色で滑らか。[分]本～九。丘陵～山地。[類]マルバアオダモとは芽鱗の毛、枝の太さ、色で区別可能。

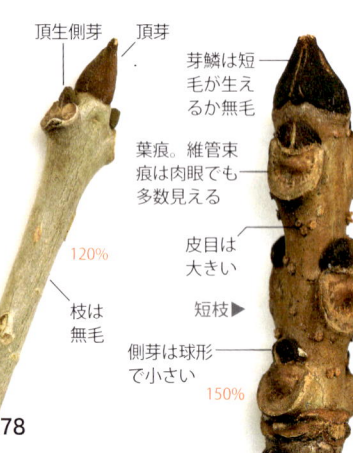

写真注記:
- 頂芽
- 芽鱗に短毛が生える
- 頂生側芽
- 皮目は大きい (120%)
- 葉痕。維管束痕は多数あるのがわかる (300%)
- 縮れた毛が残ることもある
- 短枝 (120%)

ヤチダモ モクセイ科 トネリコ属
F. mandshurica

[高木] [対生] [太] [鱗芽(2-4)] [多数]

[冬芽]頂芽は1個つき、円錐形。見える**芽鱗は2枚**。[葉痕]半円形～ハート形。小さな**維管束痕がU字形**に並ぶ。[枝]暗い灰色で**無毛**。日陰の枝は短枝化する。[幹]成木は縦に深く裂ける。[分]北～本（中部以北）。山地の渓流沿いや湿地。[類]よく似た同属のシオジは、向かい合う葉痕の端がつながるほど近接する。

写真注記:
- 頂生側芽
- 頂芽
- 芽鱗は短毛が生えるか無毛
- 葉痕。維管束痕は肉眼でも多数見える
- 皮目は大きい
- 枝は無毛 (120%)
- 短枝
- 側芽は球形で小さい (150%)

シナレンギョウ   モクセイ科 レンギョウ属
Forsythia viridissima var. viridissima

[低木] [対生] [中] [鱗芽(多数)] [1個]

[冬芽]水滴形。芽鱗は**4列に**並び、**1列に3～4枚**ある。
[葉痕]半円形。[枝]緑色で4稜があり無毛。髄は隔壁がある。枝は直立する。[分]中国原産。庭木。[類]別変種のチョウセンレンギョウは、冬芽が円錐形で、枝は弓なりに長く伸びる。同属のレンギョウ（中国原産）は枝は長く垂れ、髄は中空。

300%

日なたの枝は赤みを帯びる

葉痕。維管束痕は1個で突出する

主芽

側芽の横に予備芽がつくことも多い

日陰の枝は緑色

芽鱗1枚ごとに色が違う

120%

側芽は十字対生する

枝に4稜があり、断面は四角形

髄に隔壁があり、断面ははしご状。チョウセンレンギョウも同様

120%

イボタノキ   モクセイ科 イボタノキ属
Ligustrum obtusifolium

[低木] [対生] [細] [鱗芽(6-8)] [1個]

[冬芽]卵形～短い水滴形、**小さい**。芽鱗は**6枚程度**見える。[葉痕]半円形で隆起する。維管束痕は弧状～横長。[枝]よく分枝し、**枝が込み合う**。枝先に**短毛が残る**。暖地では冬も**葉が一部残る**。[分]北～九。丘陵～山地。[類]同属のミヤマイボタは、枝はほぼ無毛で、冬芽の先が尖る。

300%

芽鱗はやや開き、緑色と茶色がまだらに見える

葉痕

1年枝に曲がった短毛が残る

頂芽

残っている葉は長楕円形で全縁

枯れた枝先

仮頂芽

※冬芽が小さく見づらいので、枝ぶり、枝先の毛、果実、葉などで見分けるとよい

120%

黒い果実が残っていることも多い

ムラサキシキブ クマツヅラ科 ムラサキシキブ属
Callicarpa japonica

[低木] [対生] [細] [裸芽] [1個]

[冬芽] 裸芽で2枚の葉が向き合う。**粉のような短毛**が覆う。[葉痕] 半円形〜円形で小さい。維管束痕は**1個**で突出する。[枝] ほぼ無毛。紫色の果実や果柄が残ることが多い。[分] 北〜沖。丘陵〜山地の林内や林縁。[メモ] ムラサキシキブの果実は枝の上側（空側）に出るが、ヤブムラサキは下側（地面側）に出る。

果柄は細い / 100% / 冬芽に柄がある / ◀果柄が残った枝 / 250% / 幼い2枚の葉が向き合う / 葉痕。維管束痕は呼び鈴の押ボタンのように出っ張る

ヤブムラサキ クマツヅラ科 ムラサキシキブ属
C. mollis

[低木] [対生] [細] [裸芽] [1個]

[冬芽] 裸芽で2枚の葉が向き合い、**灰色の星状毛**が密生する。[葉痕] 半円形〜円形〜ハート形。維管束痕は**1個**で弧状〜楕円形。[枝] **星状毛が密生**する。果柄や果実が残ることが多く、萼片は大きい。[分] 本〜九。丘陵の林内や林縁。[メモ] ムラサキシキブより全体に毛が多く、果柄が太いことなどが違い。

120% / 頂芽は側芽より大きい / 冬芽に柄がある / 側芽 / 星状毛 / 120% / 果柄や枝に毛が多い / 120% / 果柄は太い。紫色の果実が残ることも / 300% / 葉痕の周辺にも星状毛が多い

コムラサキ クマツヅラ科 ムラサキシキブ属
C. dichotoma

[低木] [対生] [細] [鱗芽(4-6)] [1個]

[冬芽] 球形〜卵形で**小さい**。4〜6枚の芽鱗に包まれ、淡い褐色の**星状毛が密生**する。[葉痕] 半円形〜ハート形。維管束痕は**1個**で弧状。[枝] **紫色を帯び、無毛。枝先は枯れる**。果柄と萼片が残ることが多い。[分] 本〜九。山すその湿地。庭木、公園樹。[メモ]「紫式部」の名で出回っている庭木は本種が多い。

枝先は枯れるので、頂芽は観察できない / 皮目は小さいが多い / 側芽 / 主芽。芽鱗がある / 予備芽がある / 120% / 300% / 葉痕。維管束痕は1個 / 100% / ◀果実（秋）

クサギ

クマツヅラ科 クサギ属
Clerodendrum trichotomum

`小高木` `対生` `太` `裸芽` `7-9個`

[冬芽] 裸芽で、暗い赤紫色の毛が密生する。頂芽は水滴形、**側芽は球形～卵形**で対生する。[葉痕] 半円形～ハート形で**隆起**する。維管束痕は**7～9個がU字形**に並ぶ。[枝] 太く、1年枝に**軟らかい毛が密生**する。[分] 北～沖。海岸～山地の明るい場所。

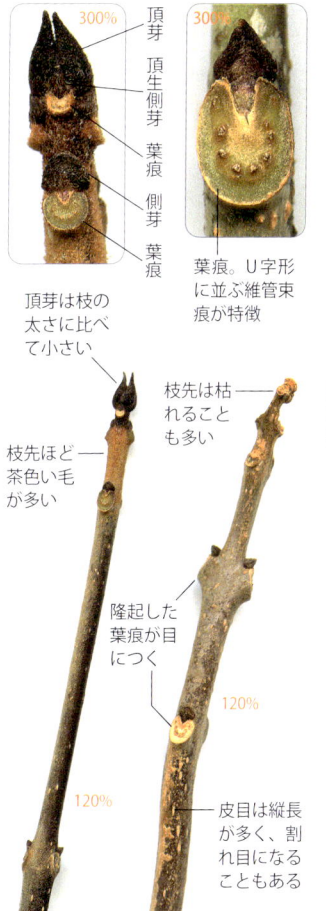

頂芽
頂生側芽
葉痕
側芽
葉痕

葉痕。U字形に並ぶ維管束痕が特徴

頂芽は枝の太さに比べて小さい

枝先ほど茶色い毛が多い

枝先は枯れることも多い

隆起した葉痕が目につく

皮目は縦長が多く、割れ目になることもある

キリ

ゴマノハグサ科 キリ属
Paulownia tomentosa

`高木` `対生` `極` `鱗芽(4-6)` `多数`

[冬芽] 頂芽は発達せず、側芽はいぼ状で小さい。花芽は黄色くて丸い。[葉痕] 円形～ハート形で**特大、隆起**する。維管束痕は**多数がリング状**に並ぶ。[枝] **太く**、特に幼木の枝は**極太**。大きな白い**皮目がたくさん**あり、目立つ。髄は白色または中空。[分] 中国原産。各地で栽培、野生化。

花芽は成木の高い梢につく

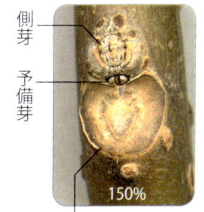

側芽
予備芽

葉痕。大きさは違うがクサギに似る

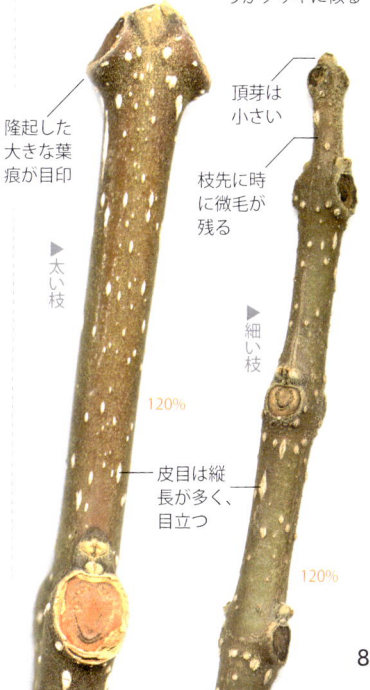

隆起した大きな葉痕が目印

▶太い枝

頂芽は小さい

枝先に時に微毛が残る

▶細い枝

皮目は縦長が多く、目立つ

ガマズミ
Viburnum dilatatum

スイカズラ科 ガマズミ属

`低木` `対生` `中` `鱗芽(4)` `3個`

枝先に果実がなった場合、仮頂芽がつく
芽鱗に毛が目立つ
枝に星状毛がある
葉痕。やや隆起する

[冬芽] 卵形で先はやや尖る。芽鱗は2〜4枚、**赤みを帯び短毛が密生**する。[葉痕] 浅いV字形〜倒松形。[枝] 枝先に**粗い毛が多い**。[分] 北〜九。丘陵〜山地。[メモ] ガマズミ属は、冬芽や枝の毛が見分けポイント。

コバノガマズミ
V. erosum

スイカズラ科 ガマズミ属

`低木` `対生` `細` `鱗芽(4)` `3個`

葉芽は細い
花芽は太い
葉痕。枝には星状毛がある

[冬芽] 卵形で先はやや尖る。芽鱗は4枚で**外側の2枚は短い**。**赤みを帯び星状毛が生える**。[葉痕] V字形〜三角形。[枝] 枝先に**星状毛があり、粗い毛はない**。ガマズミより細い。[分] 本(関東以西)〜九。丘陵〜山地。

ミヤマガマズミ
V. wrightii

スイカズラ科 ガマズミ属

`低木` `対生` `中` `鱗芽(4)` `3個`

花芽は丸い
外側の芽鱗は無毛
葉芽
皮目は円形〜楕円形
枝は無毛
葉痕。つり目の顔に見える

[冬芽] **水滴形**。芽鱗は4枚で**赤みを帯びる**。外側の2枚は短く、**無毛**。[葉痕] V字形〜三角形。[枝] **無毛で滑らか**。皮目は少ない。[分] 北〜九。山地の林内や林縁。[メモ] ガマズミ属はすべて対生で赤い果実がなる。

オトコヨウゾメ
V. phlebotrichum

スイカズラ科 ガマズミ属

`低木` `対生` `細` `鱗芽(4)` `3個`

葉芽。枝先に1個の場合は頂芽
花芽は太い
芽鱗も枝も無毛
2個の場合は仮頂芽
葉痕。ややつり目の顔

[冬芽] **水滴形**。芽鱗は4枚で**外側の2枚は小さい**。**小豆色でツヤがあり、無毛**。[葉痕] V字形〜三角形。維管束痕は**突出**する。[枝] **無毛**、皮目は少ない。[分] 本〜九。丘陵〜山地の林内や林縁。

ヤブデマリ

スイカズラ科 ガマズミ属

V. plicatum

`低木` `対生` `中` `鱗芽(2)` `3個`

`芽鱗や枝に星状毛が生える`

`芽吹き` `短枝` `120%`

`300%` 中央に芽鱗の合わせ目がある

`葉痕` `120%`

[冬芽]水滴形。芽鱗は**2枚**が合わさり、**星状毛が密生**する。[葉痕]V字形～三日月形。[枝]枝先に星状毛が密生する。**短枝**が発達する。皮目は少ない。[分]本～九。丘陵～山地の湿った林内。[類]日本海側に分布するものはケナシヤブデマリと呼ばれ、冬芽はやや大きい。園芸品種にオオデマリがある。

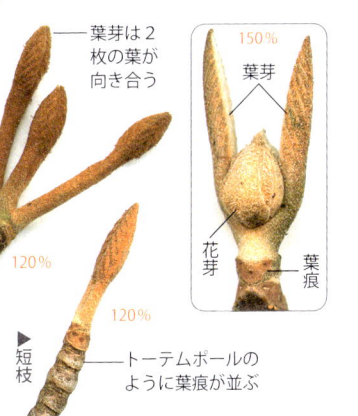

オオカメノキ

スイカズラ科 ガマズミ属

V. furcatum 別名ムシカリ

`小高木` `対生` `太` `裸芽` `3個`

葉芽は2枚の葉が向き合う

`150%` 葉芽

`花芽` `葉痕`

`120%`

`▶短枝` `120%` トーテムポールのように葉痕が並ぶ

[冬芽]**裸芽で葉脈がはっきり見え、星状毛が密生**する。花芽は球形。3個並んだ冬芽はバンザイしているように見える。[葉痕]倒松形～三角形。短枝の葉痕はかわいい顔。[枝]太い。枝先に星状毛を含んだ毛が生える。長い枝は**鹿の角のように分岐**する。**短枝**も出やすい。[分]北～九。山地～亜高山の林内など。

ニワトコ

スイカズラ科 ニワトコ属

Sambucus racemosa subsp. sieboldiana

`小高木` `対生` `太` `鱗芽(6-8)` `3-5個`

髄はスポンジ状

花芽は大きく丸い。これだけでニワトコとわかる

`200%` `120%`

葉痕は大きい

皮目は大きく、円形～楕円形。枝は無毛

葉芽

[冬芽]**球形で大きい花芽**（混芽）が特徴。正面から見える芽鱗は4～5枚。葉芽は細い水滴形。頂芽は発達しない。[葉痕]ハート形～腎形で大きい。[枝]太い。緑色～緑色がかった褐色。[幹]樹皮に厚いコルク層があり、縦にひび割れる。[分]北～九。丘陵～山地の林縁。[類]別亜種のエゾニワトコは冬芽が緑色。

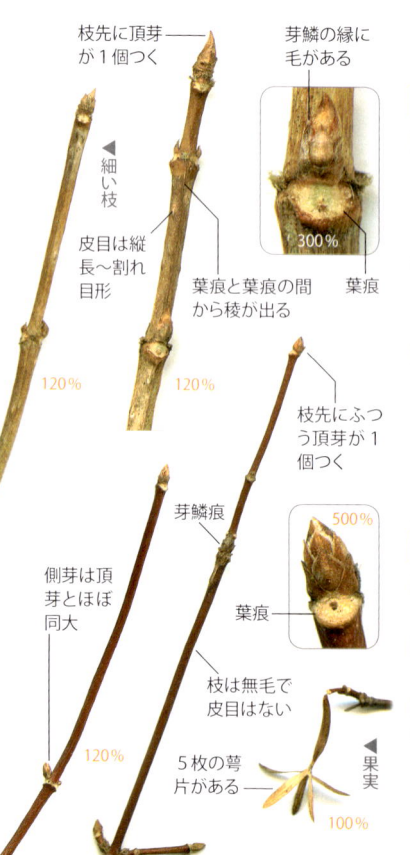

ハコネウツギ <small>スイカズラ科 タニウツギ属</small>
Weigela coraeensis

小高木 **対生** **中** **鱗芽(多数)** **3個**

[冬芽]水滴形。正面から見える芽鱗は6〜10枚。芽鱗は**薄く乾いた感じ**。[葉痕]三角形〜倒松形。葉痕と芽鱗の境に毛が見える。[枝]褐色で**稜がある**。無毛。円筒形でカサカサした果実の残骸がつく。[分]北〜九。海岸に近い丘陵。公園樹、庭木。[類]同属のニシキウツギは冬芽や枝が細く、稜に沿って毛がある。

- 枝先に頂芽が1個つく
- 芽鱗の縁に毛がある
- ◀細い枝
- 皮目は縦長〜割れ目形
- 葉痕と葉痕の間から稜が出る
- 葉痕

ツクバネウツギ <small>スイカズラ科 ツクバネウツギ属</small>
Abelia spathulata

低木 **対生** **細** **鱗芽(8-12)** **3個**

[冬芽]**卵形、小さい**。正面から見える芽鱗は7枚ほどでほぼ無毛。[葉痕]三角形〜倒松形。ウツギに似るが、**葉痕は精悍な顔つきに見える**。[枝]赤みを帯びた濃い褐色で、**弱い稜がある**。果実につく**萼片は5枚**(これが見分けの決め手)。[分]本〜九。丘陵〜山地。[類]同属のコツクバネウツギは萼片が2〜3枚。

- 枝先にふつう頂芽か1個つく
- 芽鱗痕
- 側芽は頂芽とほぼ同大
- 葉痕
- 枝は無毛で皮目はない
- 5枚の萼片がある
- ◀果実

ウグイスカグラ <small>スイカズラ科 スイカズラ属</small>
Lonicera gracilipes

低木 **対生** **細** **鱗芽(2-4)** **3個**

[冬芽]卵形、先端はやや尖る。芽鱗は**膜質**で、やがて破れて**裸芽状態**になる。[葉痕]葉柄の基部が残り、**葉痕は見えない**。[枝]ふつう無毛。勢いのよい枝は太く、節に**刀のつば**のような托葉がつく。冬に花が咲くこともある。[分]北〜九。丘陵〜山地。[メモ]枝に腺毛があるものはミヤマウグイスカグラと呼ぶ。

- 芽鱗は無毛
- 仮頂芽
- ふつう枝先に頂芽が1個つく
- 葉柄の基部が残っている
- 裸芽状になった芽
- 太い枝の「つば」

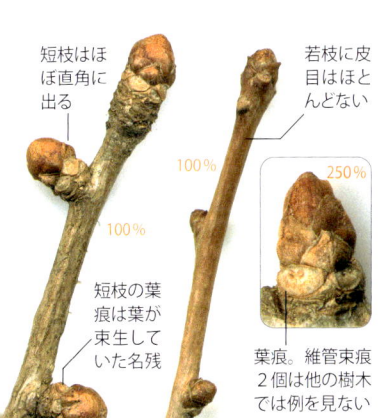

イチョウ
Ginkgo biloba

イチョウ科 イチョウ属

高木　互生　太　鱗芽(5-6)　2個

短枝はほぼ直角に出る

短枝の葉痕は葉が束生していた名残

若枝に皮目はほとんどない

葉痕。維管束痕2個は他の樹木では例を見ない

[冬芽]半球形で、正面から見える芽鱗は5枚程度。[葉痕]半円形。維管束痕は**2個**で、これが見分けの決め手。短枝の葉痕は輪生状に並ぶ。[枝]太く、**短枝**が目立つ。無毛。[幹]明るい褐色で**縦に裂ける**。[分]中国原産。街路樹、公園樹。[メモ]樹下に扇形の葉が落ちている。雌雄別株で、雌株は銀杏がなる。

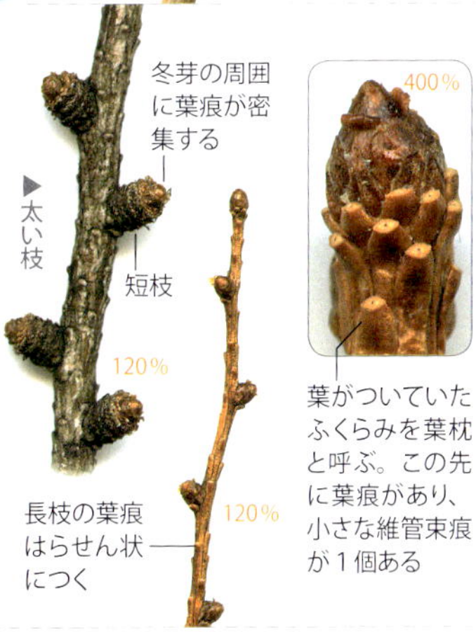

カラマツ
Larix kaempferi

マツ科 カラマツ属

高木　互生　細　鱗芽(4-5)　不明瞭

冬芽の周囲に葉痕が密集する

▶太い枝

短枝

長枝の葉痕はらせん状につく

葉がついていたふくらみを葉枕と呼ぶ。この先に葉痕があり、小さな維管束痕が1個ある

[冬芽]半球形で芽鱗は**膜質**。[葉痕]楕円形、**小さい**。広葉樹と違い、**葉痕の上に冬芽はつかない**。維管束痕は見にくい。[枝]細く、**短枝**が目立つ。短枝の葉痕は、冬芽の周りに**多数が輪生状に並ぶ**。[幹]褐色で粗く割れてはがれる。[分]本。山地。寒冷地に多く植林。[メモ]葉は腐りにくく、樹下に線形の葉が積もる。

メタセコイア
Metasequoia glyptostroboides

スギ科 メタセコイア属

高木　対生　細　鱗芽(多数)　不明瞭

頂芽は頂生側芽を伴う

落枝痕

側芽は直角に近い角度で出る

短枝　葉痕

所々に葉痕だけがつく

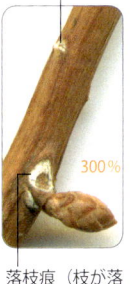

落枝痕（枝が落ちたあと）

[冬芽]卵形で**断面は四角形**。芽鱗は**多数**が規則正しく重なる。**対生**で、「芽対生コイア」と覚える。[葉痕]楕円形、小さく白い。ふつう**葉痕の上に冬芽はつかない**。[枝]所々に落枝痕があり、粉をふいたように白い。[幹]縦に裂ける。[分]中国原産。公園樹。[類]よく似た北米原産のヌマスギ（ラクウショウ）は互生。

さくいん

細字は文中紹介種・別名など

- **ア** アオギリ ･･････････ 66
  - アオダモ　　　　　 78
  - アオツヅラフジ ･･････ 28
  - アオハダ ･･････････ 61
  - アカシデ ･･････････ 16
  - アカメガシワ ･･･････ 50
  - アカメヤナギ ･･･････ 11
  - アキグミ ･･････････ 67
  - アキニレ ･･････････ 21
  - アケビ ･･･････････ 28
  - アジサイ ･･････････ 34
  - アズキナシ ････････ 43
  - アズサ　　　　　　 13
  - アブラチャン ･･････ 26
  - アベマキ　　　　　 19
  - アメリカフウ　　　 31
  - アメリカヤマボウシ　 70
  - アワブキ ･･････････ 61
  - アンズ　　　　　　 37
- **イ** イイギリ ･･････････ 67
  - イタヤカエデ ･･････ 58
  - イチジク ･･････････ 23
  - イチョウ ･･････････ 85
  - イトヤナギ　　　　 11
  - イヌエンジュ ･･････ 47
  - イヌコリヤナギ ････ 11
  - イヌザクラ ････････ 40
  - イヌザンショウ ････ 51
  - イヌシデ ･･････････ 16
  - イヌビワ ･･････････ 23
  - イヌブナ　　　　　 17
  - イボタノキ ････････ 79
  - イモノキ ･･････････ 72
  - イロハモミジ ･･････ 56
  - イワガラミ ････････ 36
- **ウ** ウグイスカグラ ････ 84
  - ウシコロシ　　　　 41
  - ウツギ ･･･････････ 33
  - ウノハナ　　　　　 33
  - ウメ ･････････････ 37
  - ウメモドキ ････････ 61
  - ウラジロノキ ･･････ 43
  - ウリカエデ ････････ 57
  - ウリノキ ･･････････ 68
  - ウリハダカエデ ････ 57
  - ウルシ類 ･･････････ 55
  - ウワミズザクラ ････ 40
  - ウンリュウヤナギ　 11
- **エ** エゴノキ ･･････････ 77
  - エゾアジサイ　　　 34
  - エゾニワトコ　　　 83
  - エドヒガン ････････ 39
  - エノキ ･･･････････ 20
  - エビヅル ･･････････ 64
  - エンコウカエデ　　 58
  - エンジュ ･･････････ 47
- **オ** オオイタヤメイゲツ　 56
  - オオウラジロノキ　 42
  - オオカメノキ ･･････ 83
  - オオシマザクラ ････ 39
  - オオツヅラフジ　　 28
  - オオデマリ　　　　 83
  - オオナラ　　　　　 18
  - オオバアサガラ ････ 77
  - オオバウマノスズクサ ･･ 28
  - オオバボダイジュ　 65
  - オオバヤシャブシ ･･ 15
  - オオモミジ ････････ 56
  - オオヤマザクラ　　 39
  - オカウコギ　　　　 71
  - オトコヨウゾメ ････ 82
  - オニイタヤ　　　　 58
  - オニグルミ ････････ 10
  - オニモミジ　　　　 59
- **カ** カエデ類 ･･･････ 56-59
  - カキノキ ･･････････ 76
  - ガクアジサイ　　　 34
  - ガクウツギ ････････ 35
  - カジカエデ ････････ 59
  - カジノキ　　　　　 22
  - カシワ ･･･････････ 19
  - カスミザクラ ･･････ 39
  - カツラ ･･･････････ 27
  - ガマズミ ･･････････ 82
  - カマツカ ･･････････ 41
  - カラスザンショウ ･･ 51
  - カラマツ ･･････････ 85
- **キ** キイチゴ類 ････････ 44
  - キウイフルーツ　　 29
  - キハダ ･･･････････ 52
  - キブシ ･･･････････ 67
  - キリ ･････････････ 81
- **ク** クサギ ･･･････････ 81
  - クズ ･････････････ 48
  - クヌギ ･･･････････ 19
  - クマイチゴ ････････ 44
  - クマシデ ･･････････ 16
  - クマノミズキ ･･････ 69
  - グミ類 ･･･････････ 67
  - クリ ･････････････ 17
  - クルミ類 ･･････････ 10
  - クロモジ ･･････････ 26

	クワ	22	
ケ	ケナシヤブデマリ	83	
	ケヤキ	20	
	ケヤマハンノキ	14	
	ケンポナシ	65	
コ	コアジサイ	35	
	コウゾ	22	
	コウヤミズキ	32	
	コガクウツギ	35	
	コクサギ	52	
	コゴメウツギ	45	
	コシアブラ	72	
	コツクバネウツギ	84	
	コナラ	18	
	コハウチワカエデ	56	
	コバノガマズミ	82	
	コブシ	25	
	コマユミ	62	
	コミネカエデ	57	
	コムラサキ	80	
	コリンゴ	42	
	ゴンズイ	63	
	コンテリギ	35	
サ	ザイフリボク	41	
	サクラ類	38-39	
	サトザクラ	39	
	サビタ	35	
	サルスベリ	68	
	サルトリイバラ	64	
	サルナシ	29	
	サワグルミ	10	
	サワシバ	16	
	サワフタギ	76	
	サンカクヅル	64	
	サンシュユ	69	
	サンショウ	51	
シ	シオジ	78	
	シダレザクラ	39	
	シダレヤナギ	11	
	シデコブシ	25	
	シデザクラ	41	
	シナサワグルミ	10	
	シナノキ	65	
	シナマンサク	32	
	シナレンギョウ	79	
	シモクレン	25	
	ジャケツイバラ	48	
	シャラノキ	30	
	シラカバ	13	
	シラカンバ	13	
	シラキ	50	
	シロザクラ	40	
	シロヤマブキ	45	

	シンジュ	53	
ス	スズカケノキ	31	
	ズミ	42	
	スモモ	37	
セ	センダン	53	
	センノキ	73	
ソ	ソメイヨシノ	38	
タ	タイワンフウ	31	
	タカオカエデ	56	
	タカノツメ	72	
	ダケカンバ	13	
	タマアジサイ	34	
	タラノキ	73	
	ダンコウバイ	26	
	タンナサワフタギ	76	
チ	チドリノキ	59	
	チョウジャノキ	59	
	チョウセンレンギョウ	79	
ツ	ツクバネウツギ	84	
	ツツジ類	75	
	ツタウルシ	55	
	ツノハシバミ	12	
	ツリバナ	62	
	ツルアジサイ	36	
	ツルウメモドキ	63	
ト	トウカエデ	58	
	ドウダンツツジ	75	
	トサミズキ	32	
	トチノキ	60	
ナ	ナガバモミジイチゴ	44	
	ナツグミ	67	
	ナツツバキ	30	
	ナツハゼ	74	
	ナナカマド	42	
	ナラ類	18	
	ナンキンハゼ	50	
ニ	ニガイチゴ	44	
	ニガキ	53	
	ニシキウツギ	84	
	ニシキギ	62	
	ニセアカシア	46	
	ニレ類	21	
	ニワウルシ	53	
	ニワトコ	83	
ヌ	ヌマスギ	85	
	ヌルデ	54	
ネ	ネコヤナギ	11	
	ネジキ	74	
	ネムノキ	46	
ノ	ノイバラ	45	
	ノダフジ	49	
	ノバラ	45	
	ノブドウ	64	

87

	ノリウツギ	35	ミツマタ	66
ハ	バイカウツギ	33	ミヤマイボタ	79
	ハウチワカエデ	57	ミヤマウグイスカグラ	84
	ハクウンボク	77	ミヤマガマズミ	82
	ハクモクレン	25	ミヤマハハソ	61
	ハコネウツギ	84	ム ムクゲ	65
	ハシバミ	12	ムクノキ	21
	ハゼノキ	54	ムクロジ	60
	ハナイカダ	71	ムシカリ	83
	ハナズオウ	47	ムラサキシキブ	80
	ハナミズキ	70	メ メギ	30
	ハリエンジュ	46	メグスリノキ	59
	ハリギリ	73	メタセコイア	85
	ハルニレ	21	モ モクレン	25
	ハンノキ	14	モミジイチゴ	44
ヒ	ヒガンザクラ	39	モミジバスズカケノキ	31
	ヒコサンヒメシャラ	30	モミジバフウ	31
	ヒメウツギ	33	モモ	37
	ヒメコウゾ	22	ヤ ヤシャブシ	15
	ヒメシャラ	30	ヤチダモ	78
	ヒメヤシャブシ	15	ヤナギ類	11
	ヒャクジツコウ	68	ヤブデマリ	83
	ヒュウガミズキ	32	ヤブムラサキ	80
フ	フウ	31	ヤマアジサイ	34
	フサザクラ	27	ヤマウコギ	71
	フジ	49	ヤマウルシ	55
	フジキ	49	ヤマカシュウ	64
	フシノキ	54	ヤマグワ	22
	ブナ	17	ヤマコウバシ	26
	フヨウ	65	ヤマザクラ	38
	プラタナス	31	ヤマシバカエデ	59
ホ	ホオノキ	24	ヤマツツジ	75
マ	マグワ	22	ヤマトアオダモ	78
	マタタビ	29	ヤマナラシ	12
	マメガキ	76	ヤマハゼ	55
	マユミ	62	ヤマハンノキ	14
	マルバアオダモ	78	ヤマブキ	45
	マルバウツギ	33	ヤマフジ	49
	マルバマンサク	32	ヤマブドウ	64
	マルバヤナギ	11	ヤマボウシ	70
	マンサク	32	ヤマモミジ	56
ミ	ミズキ	69	ユ ユクノキ	49
	ミズナラ	18	ユリノキ	24
	ミズメ	13	ヨ ヨグソミネバリ	13
	ミツデカエデ	59	ラ ラクウショウ	85
	ミツバアケビ	28	リ リュウキュウハゼ	54
	ミツバウツギ	63	リョウブ	74
	ミツバツツジ	75	レ レンギョウ	79

【参考文献】『検索入門 冬の樹木』(村田源・平野弘二／保育社)、『冬芽でわかる落葉樹』(亀山章・馬場多久男　信濃毎日新聞社)、『落葉広葉樹図譜』(四手井綱英・斎藤新一郎／共立出版)、『冬芽図鑑』(平野弘二　近畿植物同好会)、『山渓ハンディ図鑑 樹に咲く花』(茂木透・高橋秀男・勝山輝男ほか／山と渓谷社)、『図説 植物用語事典』(清水建美／八坂書房)、『樹皮ハンドブック』(林将之／文一総合出版)